可再生能源发电技术丛书

微电网控制理论及保护方法

Control Theory and Protective Method of Microgrids

张继红　编著

西安电子科技大学出版社

内 容 简 介

分布式发电及微电网控制与保护技术是近年来研究的热点内容之一。本书较为全面地阐述了微电网的相关理论、分布式电源模型、微电网的综合控制策略以及保护方法，并对独立型和并网型两类微电网的优化控制策略进行了探讨。全书共 7 章。第 1 章阐述可再生能源利用的价值以及微电网的基本概念；第 2 章介绍目前常见的分布式电源与储能系统的数学模型；第 3 章给出了典型微电网的控制方法；第 4 章、第 5 章分别介绍独立型和并网型微电网的优化控制策略；第 6 章介绍微电网的基本保护方法；第 7 章论述微电网孤岛状态的监测理论。

本书适合分布式发电及微电网系统研究、设计、管理及相关领域的科技工作者阅读，也可供高等院校电气信息类专业教师、研究生参考。

图书在版编目(CIP)数据

微电网控制理论及保护方法/张继红编著. —西安：西安电子科技大学出版社，2018.7
ISBN 978 - 7 - 5606 - 4960 - 3

Ⅰ. ① 微…　Ⅱ. ① 张…　Ⅲ. ① 电网—自动控制　② 电网—继电保护

Ⅳ. ① TM76　② TM77

中国版本图书馆 CIP 数据核字(2018)第 150991 号

策划编辑　刘玉芳
责任编辑　阎　彬
出版发行　西安电子科技大学出版社(西安市太白南路 2 号)
电　　话　(029)88242885　88201467　　邮　　编　710071
网　　址　www.xduph.com　　　　电子邮箱　xdupfxb001@163.com
经　　销　新华书店
印刷单位　陕西天意印务有限责任公司
版　　次　2018 年 7 月第 1 版　2018 年 7 月第 1 次印刷
开　　本　787 毫米×1092 毫米　1/16　印张　9.875
字　　数　193 千字
印　　数　1～1000 册
定　　价　25.00 元
ISBN 978 - 7 - 5606 - 4960 - 3/TM
XDUP　5262001 - 1

前　言

　　针对化石能源日趋枯竭和环境污染问题加剧的现状，分布式发电及微电网技术得到快速发展。微电网指的是由分布式电源、储能系统、负荷及相关控制保护设备构成的小型电网系统，具有独立型和并网型两类灵活的运行模式和完备的发电及配电功能。微电网技术的提出旨在最大程度地利用可再生能源，加强能源综合管理，提升电力系统和用户的经济效益，增强电力系统运行的灵活性、可控性，满足用户负荷对电能质量的基本要求。作为一种国内流行的分布式电源组网技术，微电网与大电网、微电网与分布式电源、微电网与配电网均有着非常密切的关系。

　　微电网对大电网具有补充效应：当大电网出现电压或频率波动时，微电网系统作为备用电源可向大电网提供支撑，通过对微电网系统的灵活调度，可以实现对大电网的削峰填谷作用；当大电网出现故障时，微电网系统可以迅速与大电网解列而形成孤岛运行状态，保证重要用户的不间断供电，提高供电的连续性、可靠性；微电网对大电网的补充效应还表现在微电网系统能够解决偏远地区的供电困难问题，为重要用户不间断供电。

　　微电网系统是发挥分布式电源能效的助推器：微电网系统中的电源大多为可再生能源，并通过储能及控制装置实现系统稳定运行。因而，分布式电源的平滑接入，可以大量减少化石燃料消耗，达到节能减排的目标。目前，微电网技术已经成为世界各国在可再生能源领域中研究的核心问题。其中的关键之一为控制问题。在微电网系统中，分布式电源多数需要经过电力电子装置变换后接入系统，并网运行时，由大电网提供电压和频率支撑，系统能够稳定运行。相反，当微电网系统转入孤岛运行模式时，微电网的电压及频率由内部电源控制器进行调节。在这种情况下传统的并网逆变器控制方法难以满足微电网系统的稳定运行要求，因而需要深入研究适用于微电网系统的控制技术，并根据微电网内各分布式电源的容量调节有功和无功功率，进而输出稳定的电压和频率，以实现微电网系统的稳定运行要求。

　　微电网配电系统保护的复杂性：随着分布式发电并网技术的逐步成熟，大量分布式电源的接入运行将对配电网的结构和配电网中的短路电流大小及分布具有重要影响，由此给配电网的继电保护工作也带来较大的负面效应。例如，大量分布式电源的接入会改变潮流方向，减小短路电流水平，干扰故障点的准确判断等，因而传统的配电网保护装置或方案将不再适用。为了保证在新情况下继电保护的动作正确性，有必要研究新型的保护方案，以消除分布式电源的接入对传统保护带来的影响，为分布式发电技术的广泛应用和微电网技术的推广扫除技术障碍。

本书较为全面地阐述了微电网的相关理论、分布式电源模型、微电网的综合控制策划以及保护方法，并对独立型和并网型两类微电网的优化控制策略进行了探讨。

本书的出版得到了内蒙古自治区自然科学基金项目"基于微电网的储能功率变换器拓扑理论及智能控制研究"（2016MS0515）的资助，在此表示感谢！

由于编者水平有限，撰写时间仓促，书中的不妥之处在所难免，恳请读者给予批评指正。

编　者
2018 年 1 月

目　　录

第1章 概 述

近年来,与人们生活息息相关的电力系统正面临着越来越多的挑战,全球气候变暖、能源压力、环境污染以及数字化社会对供电可靠性与电能质量的要求都是我们不得不面对的问题。因此节能减排、绿色供能以及可持续发展已经成为世界各国共同关注的焦点问题[1-5]。能源的大规模开发与利用所面临的首要挑战是如何大幅降低传统化石能源利用占比,逐步以可再生能源替代现有传统化石能源,构建新型能源利用体系,以高科技和智能控制手段改变现有能源利用方式,降低能耗、减少排放,最大限度地提高可再生能源的利用效率。

本章首先介绍了微电网的背景及意义、国内外研究现状;其次阐述了微电网的基本结构和运行特征,分析了微电网稳定运行的控制理论与保护的关键技术,有针对性地提出了微电网的协调控制策略与综合保护方法,设计了解决问题的基本方案并采用实验与仿真手段进行验证。

1.1 引 言

能源是社会进步与经济发展的动力基础,电力是能源的主要表现形式,是人类可以直接利用的清洁能源。曾经以化石燃料为基础的能源供给为人类文明的进步及生活质量的提高发挥了重要作用,然而这种进步是以高昂代价换取的。化石燃料的大规模开发利用,不仅导致了严重的环境问题(比如近年来全国性的雾霾天气),而且引起了不可逆转的植被破坏与全球变暖难题。作为后人进行科学研究的宝贵化工原料(煤炭、石油)不应该仅仅作为燃料在当代被消耗殆尽。因此,积极探索开发可再生能源利用方式已被全社会高度重视,可再生能源的有效利用是解决世界经济和社会发展中日益凸显的能源供需矛盾、能源利用与环境污染矛盾的必然选择[6-8]。

1.1.1 我国能源储量现状

1. 石油

2013 年年底,中国石油探明储量为 25 亿吨(合 181 亿桶),占世界石油探明储量的

1.1%，储采比为11.9年。2013年我国石油（包括原油、致密油、油砂和天然气液）产量为208.1百万吨，比2012年增加0.6%，占全球石油产量的5.0%。2013年我国石油消费量为507.4百万吨，比2012年增加3.8%，占全球石油消费量的12.1%。

2. 天然气

2013年年底，中国天然气探明储量为3.3万亿立方米，占世界天然气探明储量的1.8%，储采比为28年。2013年我国天然气产量为1171亿立方米，比2012年增加9.5%，占世界天然气产量的3.4%。2013年我国天然气消费量为1616亿立方米，比2012年增加10.8%，占世界天然气消费量的4.8%。

3. 煤炭

2013年年底，中国煤炭探明储量为1145亿吨（无烟煤和烟煤为622亿吨，次烟煤和褐煤为523亿吨），占世界煤炭探明储量的12.8%，储采比为31年。2013年我国煤炭产量为36.8亿吨，比2012年增加1.2%，占世界煤炭产量的47.4%。2013年我国煤炭消费量为1925.3百万吨油当量，比2012年增加4.0%，占世界煤炭消费量的50.3%。

4. 核电

2013年中国核电消费量为1106亿千瓦时，比2012年增加13.9%，占世界核电消费量的4.4%。

5. 水电

2013年中国水电消费量为9116亿千瓦时，比2012年增加4.8%，占世界水电消费量的24.1%。

6. 太阳能发电

2013年中国太阳能发电消费量为119亿千瓦时，比2012年增加91.3%，占世界太阳能发电消费量的9.5%。2013年中国太阳能发电累计装机容量为18 300 MW，比2012年增加161.4%，占世界太阳能发电装机容量的13.1%。

7. 风电

2013年中国风电消费量为1319亿千瓦时，比2012年增加37.8%，占世界风电消费量的21.0%。2013年中国风电累计装机容量为91 460 MW，比2012年增加21.3%，占世界风电装机容量的28.6%。

8. 地热、生物质及其它能源

2013年中国地热、生物质及其它形式发电消费量为459亿千瓦时，比2012年稍有下降（2012年为460亿千瓦时），占世界地热、生物质及其它形式发电消费量的9.5%。2013年

中国地热发电累计装机容量为 27 MW，比 2012 年增加 12.5%，占世界地热发电装机容量的 0.2%[9-11]。

结合以上相关数据以及国际权威机构(英国石油集团 BP)统计年鉴中涉及中国的关键数据进行的汇总表明，(数据不包括港、澳、台地区)2015 年中国的一次能源消费量为 2852.4 百万吨油当量，比 2014 年增加 4.7%，占世界一次能源消费量的 22.4%；发电量为 53 616 亿千瓦时，比 2012 年增加 7.8%，占世界发电量的 23.2%；CO_2 排放量为 9524.3 百万吨，比 2012 年增加 4.2%，占世界 CO_2 排放量的 27.1%。

图 1-1 分别给出了我国 2014 年、2015 年的一次能源消费量占比统计。由图 1-1 可知，我国的能源供给主要依靠化石燃料，其它能源尤其是可再生能源比例显然不足，因此发展绿色的可再生能源市场较好，研究该领域发电技术前景广阔。

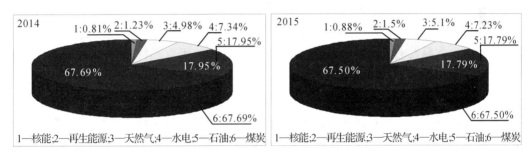

图 1-1　2014 年与 2015 年中国一次能源消费量占比统计

图 1-2 分别给出了我国 2011—2013 年能源消耗量、发电量与排放量对比关系。由图 1-2 可知，随着工业经济的快速发展，国内电量需求进一步增长，一次能源消费总量与 CO_2 排放量逐年提高，因此节能减排任重而道远。

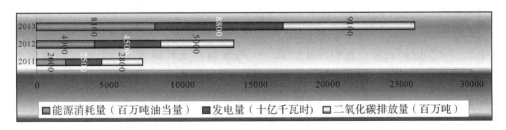

图 1-2　2011—2013 年中国能源消耗量、发电量与排放量对比图

国内外专家指出：随着世界经济的复苏，各国所需电力缺口明显增大，为减轻一次化石能源过度开发利用，并结合节能减排的目标，必须调整能源结构，充分挖掘清洁、无污染能源作为现有能源的替代产品。因而开发可再生能源已被世界所关注，同时也成为电能生产的必然趋势。今后的电网将是传统大电网与新型微电网相结合而构成的混合电网。这种

互补的供电方式可以综合利用现有资源与设备,是一种可以为用户提供可靠、优质电能的理想方式,它不仅可以提高能源的综合利用效率,而且增强了传统电网抵御自然灾害的能力[12-14]。

1.1.2 开展分布式发电及微电网研究的意义

1. 西方发达国家与我国的发展目标解析

近年来,在环境污染与化石能源日趋枯竭的严峻形势下,以太阳能、风能等作为可再生能源的分布式发电(Distributed Generation,DG)的大规模开发应用受到了世界各国的高度重视[15-17]。美国要求未来 5 年内分布式发电装机容量占其新增容量的比例不少于20%[18];欧盟规划 2020 年各成员国可再生能源利用比例超过 20%[19];日本计划在 2030年达到 30%[20];我国的规划为:2020 年前可再生能源比例将占全部能源的 15%[21]。可见,利用可再生能源发电已成为电力工业发展的必然趋势。研究资料表明[22]:开展绿色清洁能源的研究被视为是缓解能源短缺与环境恶化的重要有效手段之一。

随着我国经济的快速发展,国内电力生产的机组容量进一步扩大,电压等级进一步升高,这种状况短时收到了较好效果并提高了经济效益。然而,传统的大规模电力系统运行弊端逐步显现:建厂规模大、初次投资和维护成本高、需要远距离输电、存在高能耗问题、难以保证供电的安全可靠。尤其在近几年世界范围内连续发生了多次大面积停电事故,大电网的脆弱性充分暴露。进入 21 世纪,各种分散布置的、小容量的发电技术成为人们研究的热点[23]。

西方发达国家的实践与编者进行的理论研究表明:分布式发电技术是大规模集中式供电的有益补充。业内专家认为:开发利用可再生能源,提高发电效率,改组电力工业结构是关键,也就是说,实施分布式发电技术是最直接可行的方法。分布式发电也称分散发电,是相对于集中式发电的一种小规模发电方式,一般安装在负荷附近,不需要远距离输电,几乎无线损问题,常见的有太阳能光伏发电、风力发电等。当前,在能源紧缺与环境污染的严峻形势下,国际上已将更多注意力投向了分布式发电与传统发电相结合的技术领域[24-25]。资料表明,发达国家较早就开展了分布式发电相关技术的研究工作。丹麦的可再生能源发电量约占总发电量的 58%,德国为 26%,美国约有 8000 多座可再生能源电站,占总装机容量的 10%。中国政府对发展分布式发电也非常重视。《国家中长期科学和技术发展规划纲要(2006—2020 年)》再一次以文件的方式阐述了清洁的可再生能源利用和规模化发展的重大意义。近年来颁布的《可再生能源法》已明确将分布式发电供能技术列入重点发展与支持领域[26-28]。可以预见,在国内大规模开发分布式发电技术已成必然趋势,其应用前景非常看好。因此，进行分布式发电技术方面的研究工作符合国家重大战略需求，研究有关分布式发电的控制理论及保护方法意义重大。

2. 我国开展分布式发电的效益测算[29]

按照"规划"要求，我国将在以下三方面获益：① 能源方面，若 2020 年的目标能够实现，则全国可显著减少传统的一次化石能源消耗，按照能源需求估算，利用清洁能源的发电量可以替代沼气约 240 亿立方米，煤炭约 6 亿吨，乙醇和生物柴油约 1000 万吨，可再生能源的开发利用对改善能源结构和节约化石资源将发挥重大作用；② 环境方面，可再生能源年利用量相当于减少二氧化硫排放量约 800 万吨，减少氮氧化物排放量约 300 万吨，减少烟尘排放量约 400 万吨，减少二氧化碳排放量约 12 亿吨，年节约用水约 20 亿立方米；③ 社会方面，到 2020 年，将利用可再生能源累计解决无电地区 1000 万人口的基本用电问题，改善约 1 亿户农村居民的生活用电条件。因此，开展分布式发电技术的研究可以在能源、环境、社会等多方面获得较好收益，并为传统化石能源的可持续利用奠定坚实基础。

3. 微电网的提出

由于可再生能源发电存在间歇性与随机性，加上分布式发电渗透率的逐年提高，势必对传统配电网系统造成一定影响，同时对电能质量的控制难度及保护的复杂程度也随之加大。美国颁布的分布式发电系统运行标准规定：当分布式电源并网时若出现大电网故障情况，则要求分布式电源立即退出运行；此外还要求分布式电源的容量不能超过就地负荷容量。这一规定势必会限制分布式电源的能效发挥。

为整合各类分布式发电资源优势，减弱大量分布式发电对电网的冲击和不利影响，充分挖掘其经济效益，国际权威组织——美国电力可靠性技术解决方案联合会（Consortium for Electric Reliability Technology Solutions，CERTS）提出了微电网的概念[30]，它能将各类分散的电源纳入同一个物理网络，既能作为一个可控单元并网运行，又能作为自治系统孤岛运行，所以控制方式更加灵活多样，有效避免了传统大电网故障的连锁反应。专家预测，未来的配电网结构将是传统配电系统与大量微电网配电系统的混合结构。微电网这一特殊供电方式不仅是传统电网故障的后备，也是能源多元化与能源高效利用的重要技术手段。

4. 大力发展微电网的优势

微电网是在大规模开发可再生能源基础上形成的小型智能电网。微电网技术作为传统电网可靠运行的后备支撑手段，对于增强传统电网抵御突发事故、保障重要负荷供电连续乃至国家安全等方面都具有重要的现实意义[31]。微电网是将额定功率为几十千瓦的分散电源，与就地负荷、储能及控制设备等有机结合，形成一个可控单元，可以向用户提供冷、热、电或三联供的一种新型供能体系[32]。

与集中式发电方式相比，微电网建在用户附近，无需建立变电站进行远距离输电，从而节约输、配电初期的投资成本及运行费用，更不必考虑线损问题。由于微电网控制方式灵活，运行模式多样，有利于实现分布式能源的阶梯利用，大大提高了能源的综合利用效率。微电网与大电网相结合的优势主要体现在以下几方面[33-34]：

（1）分布式电源的并网问题。微电网可以协调控制网内分布式电源的运行，也就是将各分布式电源的并网问题转换为微电网与大电网公共点的连接问题，解决了高渗透率的分布式电源的接入受限问题。而微电网可以灵活地处理内部各电源的断开与连接，体现了微电源的"即插即用"功能，发挥了电源优势。

（2）大电网运行的可靠问题。微电网的接入为大电网的稳定、可靠运行提供了重要的后备支撑作用。近年来，自然灾害与极端气候频发，致使局部地区电网受损严重，长时间停电可能使当地经济蒙受巨大损失，给民众生活带来极大不便。微电网可以保障非常时期的重要负荷供电需求，是一种大电网可靠运行的有益补充。

（3）合理调节用电"峰谷"问题。交流电能不易储存，它的生产、输送、分配遵循功率平衡原则。而负荷用电具有明显的峰谷之别，微电网的接入可以使各分布式电源能力得以充分利用，减小大电网在负荷峰期的负担；相反，当负荷处于低谷时段，则可以将多余的电能整流存储，发挥了微电网的"削峰填谷"功能。

（4）碳排放与环境保护问题。采用风能、太阳能发电可以提供全部绿色电能。比如，以天然气为燃料发电释放的 SO_2 是燃煤排放的 25%，而释放的 CO_2 则是燃煤排放的 40%；若采用太阳能与风力发电，则认为是纯绿色环保能源，碳排放几乎为零。

（5）建厂投资与市场供求问题。微电网位于负荷附近，有利于提高系统的无功功率补偿能力，改善线路电压跌落，减少了新建电厂的投资，降低了电价，惠及民生。

可见，微电网具有双重角色：既可作为电力系统的可调负荷，又可作为用户的可定制电源。专家预测：未来的配电系统将是传统配电网与微电网的有益结合，微电网的接入对传统电力系统的影响将是巨大而深远的。

1.2 微电网的结构特征

1.2.1 微电网的定义与结构

21 世纪初，美国学者首先提出了微电网的概念[23]，即由分布式电源、储能设备、负荷及功率变换器等构成的具有独立或联网运行模式的小型发电系统，一般设置于负荷附近，可以同时提供冷、热、电或三联供。微电网中的分布式电源一般由机械旋转设备或静止的电力电子器件组成，负责能量的转换与变送，并提供必要的控制功能[35-36]。

1. 直流微电网

直流微电网的结构特征是网内分布式电源、储能设备及负荷均连于直流母线上，采用电力电子器件将直流母线与外部交流配网相连，通过电力电子变换可以将电能供给不同电压等级的交直流负荷。分布式电源与负荷投切引起的电压频率波动由储能装置自动调节功率进行平抑。直流微电网结构如图 1-3 所示。

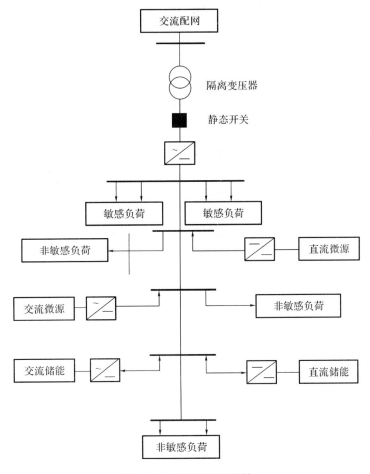

图 1-3　直流微电网结构

2. 交流微电网

交流微电网的结构特征是网内直流储能设备、分布式电源等交直流设备均通过电力电子变换连接于公共母线,实现电能的逆变转换,然后经由静态开关将其连接于大电网。交流微电网结构如图1-4所示。

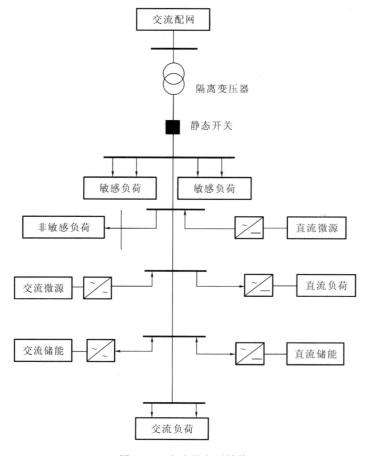

图1-4 交流微电网结构

3. 混合微电网

如图1-5所示为混合微电网结构。网内既有交流母线,同时又有直流母线。微电网可以同时向交流或直流负荷供电,但在直流母线上仅装设一个逆变器连于交流母线。储能设备类型多样,既包含蓄电池、超级电容等直流设备,也可有飞轮储能等交流设备。

对于微电网的各类不同结构,若干分布式电源与储能装置均可按照预期控制方案向敏感负荷提供所需功率,尽可能地减少大电网的远距离传输,降低线损,保证电能质量。当大电网发生故障或有电能质量问题时,微电网可以孤岛运行,同样可保证重要负荷供电的连续性。因此,孤岛稳定运行的关键在于卓越的控制策略和有效的孤岛监测方法。

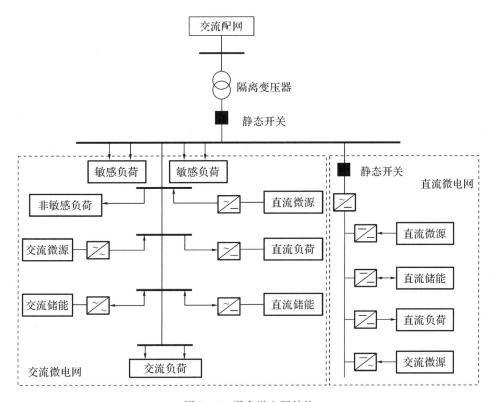

图 1-5 混合微电网结构

1.2.2 微电网的电压等级

在电压等级分类方面,微电网主要有高压、中压与低压三个等级,目前研究较多的为中低压微电网[37]。

1.3 微电网关键技术及国内外研究现状

1.3.1 微电网稳定运行控制与保护的主要问题

1. 微电网内部公共点电压频率恒定控制方法

微电网运行模式多样,内部部分微源发电功率无法预测、负荷投退随机性较大等现象增加了微电网控制的复杂性。模拟仿真微电网各线路、节点的潮流存在一定困难。建立微电网稳定运行及压频恒定控制的动态模型,揭示不同种类的分布式电源及负荷对压频的影响是其关键。通过搭建相关的微电网数学模型，深入研究分布式电源特性及相应的控制策略是本书研究的重点内容。

2. 微电网故障机理及数学描述方法

分布式电源的接入，彻底改变了传统配电网单一电源的局面，并使潮流发生根本性改变。特别是当系统发生故障时，大电网和分布式电源均向故障处注入电流，这样不仅改变了传统配电网的节点短路水平，而且由于分布式电源的容量不等、安装位置不同以及电源类型因素也将不同程度地影响故障电流大小，因此采用传统电力系统故障分析方法解决微电网故障问题将不再奏效。研究如何使用数学描述方法解析或通过仿真手段验证微电网故障机理是目前研究的热点，也是本书研究的又一重点。

3. 微电网保护技术

大量分布式电源的并网运行将严重影响配电网结构与短路电流的大小及分布，导致配电网的故障检测与保护工作异常复杂。其主要影响可总结如下：分布式电源的接入降低了线路保护的灵敏性；相邻线路发生故障时，可能导致分布式电源所在的其它线路保护误动作；多分布式电源的接入，可能引起线路的重合闸多次重复动作，也可能使保护的范围扩大，使其不具备选择性的基本要求。本书将参考国内外现有微电网规模，在深入分析各种运行特点的基础上提出切实可行的微电网保护策略，并采用仿真软件搭建相关模型进行验证，为研究微电网的保护策略提供理论依据。

4. 微电网孤岛监测方法

孤岛是指当大电网故障或中断供电时，分布式电源未能检测出这一现象而继续向负荷供能的一种自给运行方式[38]。微电网孤岛运行时，可能产生严重的不良后果，比如：电压、频率出现无法控制的情况，影响电能质量或导致用电设备损坏；由于孤岛发生时部分线路依然带电，因而可能危及检修人员人身安全；也可能出现无检同期自动重合闸的直接合闸现象，造成较大的冲击电流甚至二次跳闸。不论从安全性角度还是可靠性角度考虑，及时监测孤岛运行状态非常有必要。目前孤岛监测方法主要有主动式与被动式两大类，但各有优缺点。因此系统地剖析现有孤岛监测的原理，提出一种合理可行的孤岛监测方案，即盲区小、动作快、不影响电能质量的监测方法同样也属于本书的研究重点。

1.3.2 微电网控制与保护的研究现状

1. 微电网控制技术研究现状

美国电力可靠性技术解决方案联合会主要针对微电网接入大电网的控制思路和关键技术问题进行了深入阐述，较详细地给出了微电网的概念、典型结构、控制策略及保护方法等一系列值得研究的内容[39]。目前，该微电网的理论模型均已在实验室得到了充分验证，基本形成了关于微电网的管理政策和运行法规等，为今后的微电网工程建立了基本框架。美国的微电网建设主要以提升敏感负荷的供电可靠性、满足电能质量需求、降低成本为研究重点。

日本建立的微电网主要为解决其国内能源日益紧缺问题，缓解负荷日益快速增长的现实状况，所以开展微电网的研究工作相对较早，并取得了重大突破，尤其在燃料电池和储能方面成果较多。其发展目标为能源供给多样化、减少污染、满足用户的个性化电力需求[40]。

欧洲在微电网的控制、保护、通信等理论方面进行了深入研究，并对上述理论进行了实验验证，基本形成了先进的控制理论，制定了相应的运行标准，为可再生能源的大规模接入以及由传统电网向智能电网的初步过渡做了积极准备[39]。其中文献[41,42]提出了分布式电源的上层集中控制与对等控制两种控制策略，分析了各自的应用特点及适用对象，指出了对于复杂系统的分析可借助多代理手段实施，最后采用仿真和实验手段进行了验证；文献[43]研究了不同微源配比情况，并对微电网稳定控制模型进行了优化处理，给出了线性/非线性系统适用模型的求解方法；文献[44]提出了直流微电网分层控制思想，目的在于使多个变流器之间合理分配负荷，从而补偿直流母线电压跌落，但其控制过程对通信要求极为严格，一旦通信失效，则控制难以达到理想效果。文献[45]提出了一种具有 PID 结构的改进下垂控制方法，根据电压和频率的变化情况，使用模糊推理技术来优化相应参数，可以进一步稳定微电网孤岛运行电压与频率，但控制的精度主要依赖于 PID 参数设置，这在实际的控制过程中可能存在偏差。文献[46]根据变流器的不同控制特性，采用状态空间法建立了基于多变流器微电网的小信号模型，并通过节点功率计算法获得了自治系统表达式，由此提出一种采用自治系统根轨迹的理论，通过这种方法可以获得微电网中设备参数的变化与系统稳定性的对应关系，从而有效控制电压与频率恒定，具有一定的参考价值。

2. 微电网孤岛监测与保护技术

为了判定和监测孤岛的产生，国内外学者们提出了不少方法，这些方法各有优缺点。世界权威机构——美国电气电子工程师协会（Institute of Electrical and Electronic Engineers，IEEE）对微电网与外部输配电网络并网的各项技术指标给出了规范性要求[47]，主要规定了分布式电源参数相对于电网电压异常、频率异常、同步并网参数设置等内容；此外还详细地阐述了主动式孤岛监测方法，包括基于电压偏移监测、基于频率偏移监测和基于相位偏移监测等原理，并给出了主动式监测方法会不同程度地影响电能质量的说明。

对于微电网保护技术的研究，主要表现为分布式电源的建模和故障定位检测、线路及其它设备的可靠性保护策略等。其中文献[48]对含分布式电源的配电网保护方法作了深入研究，提出了快速反时限过电流与差动保护结合的方法，解决了保护的动作快速性问题；文献[49]提出一种基于负序电压正反馈的孤岛监测方法，该方法在 IEEE 1547 规定的最严格的情况下，可以快速有效地监测孤岛发生，同时保证了电能质量。文献[50,51]提出了被动式孤岛监测方法，即采用小波变换手段分析采样后的电压波形，并用 Matlab 软件进行仿真验证，从理论方面给出了详细说明。文献[52]提出了一种基于低电压检测并加速的反时限过电流保护方案，当系统发生故障时，该方案能够检测出保护安装处的电压降低和电流增大并提供保护方法，对于微电网运行的两种典型模式均适用，选择性较好，灵敏度较高，具有一定的创新性。

在国内，微电网的研究工作尽管起步较晚，但发展很快，不仅受到了中国国家科技部资助的 973 项目、863 项目和教育部资助的国家自然基金项目的立项支持，而且吸引了众多高校和科研机构的积极参与[8,53]。近年来，在有关能源高效利用等重点领域中，涉及可再生能源综合开发及微电网研究的项目得到了重点资助。可以预测，中国的可再生能源开发前景非常广泛，未来若干年中国必将会在微电网关键技术方面取得突破性进展，并将建设一批微电网示范基地，为分布式电源大规模接入电网的建设提供有力的技术支撑。

第 2 章 分布式发电系统模型

分布式发电（Distributed Generation，DG）系统如图 2-1 所示，它由分布式电源（Distributed Source，DS）和各类储能设备、功率变换装置、负荷以及控制系统构成。分布式电源类型千差万别，动态特性各不相同，除少部分机械旋转类发电机可直接并网外，其它电源都须经电力电子变流设备并网，所以，分布式电源输出功率的动态特性直接与电力电子装置及其控制设备密切相关[54-56]。从数学角度分析，分布式发电系统是由各类电源、电子器件、储能装置构成的具有较强耦合关系的非线性动力系统，其动态特性是各设备在各个时间尺度上的动态特性叠加，因而研究分布式发电系统的前提是建立分布式电源的数学模型[57]。

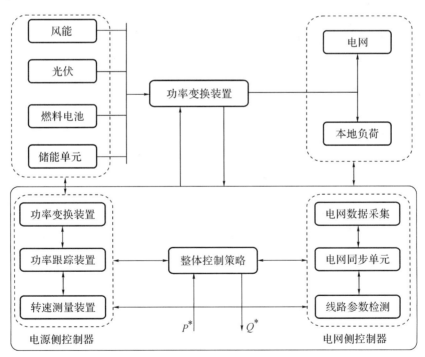

图 2-1 分布式发电系统

分布式电源具有多样性，部分电源输出功率直接受环境因素影响，这给分布式发电系统的建模分析造成一定困难，甚至使仿真结果与实际系统偏差较大。尤其是近年来分布式电源及储能设备种类还在不断扩充中，很难做到对各类设备模型的准确描述。为此，本章就目前常见的几类典型电源进行了建模分析，介绍其基本结构与工作原理，并给出建模分析方法和相关控制策略，为后续的实践应用提供理论基础。

2.1 光伏发电系统

太阳能的利用方式很多，其中最常见的是太阳能光伏（Photo Voltaic，PV）发电和太阳能热发电，前者也称为光伏阵列。光伏发电是利用光生伏特效应，采用太阳能电池将太阳光能直接转化为电能的方式。光伏发电系统由太阳能电池板（组件）、控制器和逆变器三大部分组成。这些设备主要由静止的电子元器件构成，不涉及机械部件，也无转动环节，因此，光伏发电设备较为简单，具有运行寿命长、安装周期短等典型优良特征。从理论上讲，光伏发电技术可以用于任何需要电源的场合，因为光伏阵列的安装不受地域限制。太阳能光伏发电的最基本元件是单体太阳能电池（片），一般分为单晶硅、多晶硅、非晶硅和薄膜电池等几种类型。由多个太阳能电池组成的太阳能电池板称为光伏组件或光伏阵列[58]。目前，单晶硅和多晶硅电池用量最大，非晶硅电池主要用于一些小系统的开发和计算器辅助电源等。在发电效率方面，国产晶硅类电池一般占 10%～13%，国外产品占 12%～14%。

2.1.1 光伏阵列数学模型

由于光伏电池单体容量有限，所以输出开路电压和短路电流都很小，在实际应用中往往需要将其串、并联构成光伏阵列，以提高输出电压等级和获得更大的工作电流。光伏阵列是一种直流电源。理想的光伏阵列电路模型如图 2-2 所示，它由一个电流源和一个二极管并联得到。但这里的二极管不是理想二极管，而是具有电压、电流强耦合、非线性关系的二极管。

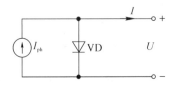

图 2-2　理想的光伏阵列电路模型

实际的光伏阵列可通过在理想模型中增加串联电阻 R_s 和并联电阻 R_{sh} 来模拟，如图 2-3(a)所示。为了模拟空间电荷扩散效应及低辐照度发电情形，文献[59]在图 2-3(a)的基础上提出了拟合多晶硅光伏阵列的双二极管等效电路，如图 2-3(b)所示。

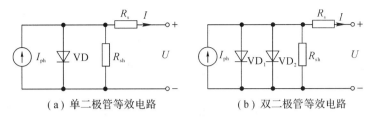

（a）单二极管等效电路　　　　　　　（b）双二极管等效电路

图 2-3　光伏阵列等效模型

双二极管模型的光伏阵列伏安特性可由式（2-1）表示：

$$I = I_{ph} - I_{s1}\left[e^{\frac{q(U+IR_s)}{kT}} - 1\right] - I_{s2}\left[e^{\frac{q(U+IR_s)}{AkT}} - 1\right]\frac{U+IR_s}{R_{sh}} \tag{2-1}$$

单二极管模型的光伏阵列伏安特性可由式（2-2）表示：

$$I = I_{ph} - I_s\left[e^{\frac{q(U+IR_s)}{AkT}} - 1\right] - \frac{U+IR_s}{R_{sh}} \tag{2-2}$$

式中，U 为光伏阵列电压；I 为光伏阵列电流；I_{ph} 为光生电流源电流；I_{s1} 为二极管扩散效应饱和电流；I_{s2} 为二极管复合效应饱和电流；I_s 为二极管饱和电流；q 为电子电量常数，取 1.602×10^{-19} C；k 为波尔兹曼常数，取 1.381×10^{-23} J/K；T 为光伏阵列工作绝对温度值；A 为二极管特性拟合系数，在单二极管光伏阵列模型中是一个变量，在双二极管光伏阵列模型中为常数 2。单二极管模型光伏阵列的等效电路如图 2-4 所示，伏安特性关系可用式（2-3）描述。其中，N_S 和 N_P 分别为串联和并联的光伏阵列总数。若光伏阵列采用双二极管等效，则等效电路如图 2-5 所示，伏安特性关系为式（2-4）[60]。

$$I = N_P I_{ph} - N_P I_s\left[e^{\frac{q}{AkT}\left(\frac{U}{N_S} + \frac{IR_s}{N_P}\right)} - 1\right] - \frac{N_P}{R_{sh}}\left[\frac{U}{N_S} + \frac{IR_s}{N_P}\right] \tag{2-3}$$

$$I = N_P I_{ph} - N_P I_{s1}\left[e^{\frac{q}{AkT}\left(\frac{U}{N_S} + \frac{IR_s}{N_P}\right)} - 1\right] - N_P I_{s2}\left[e^{\frac{q}{AkT}\left(\frac{U}{N_S} + \frac{IR_s}{N_P}\right)}\right]\frac{N_P}{R_{sh}}\left[\frac{U}{N_S} + \frac{IR_s}{N_P}\right]$$

$$\tag{2-4}$$

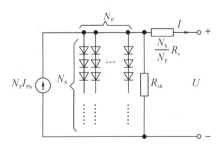

图 2-4　单二极管模型光伏阵列的等效电路

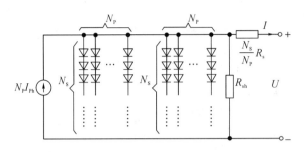

图 2-5 双二极管模型光伏阵列的等效电路

2.1.2 光伏阵列输出特性与功率跟踪

1. 输出特性[61]

光伏阵列 I-U 和 P-U 曲线如图 2-6 所示，由图可看出曲线的三个关键点为开路电压、短路电流与输出最大功率点。

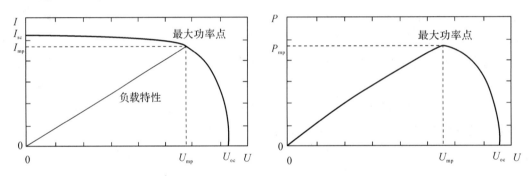

图 2-6 光伏阵列典型 I-U 曲线和 P-U 曲线

图 2-6 中，$(0, I_{sc})$ 称为输出短路电流点，I_{sc} 为短路电流（A）；$(U_{oc}, 0)$ 称为输出开路电压点，U_{oc} 为开路电压（V）；(U_{mp}, I_{mp}) 称为最大功率输出点，该点处满足 $\dfrac{\mathrm{d}P}{\mathrm{d}U} = 0$，输出功率 $P_{mp} = U_{mp} \times I_{mp}$，此时对应伏安特性的最大输出功率。应用中的光伏系统，应尽可能地调整负荷或通过功率跟踪方式使其功率输出最大化，提高光伏发电效率。图 2-7、图 2-8 分别给出了光辐照度和温度变化时对应的光伏阵列 I-U 曲线和 P-U 曲线。分析两图可以看出，环境温度上升，短路电流增大，但开路电压降低，而且电压降低速度明显快于电流升高速度，因此在光辐照度恒定的条件下，温度越高，输出最大功率反而越小；当光辐照度增大时，光伏阵列的开路电压、短路电流均有所增大，可见，辐照度对于发电功率影响更大。

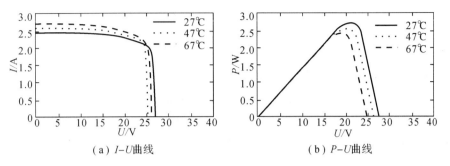

（a）$I-U$ 曲线　　　　　　　　（b）$P-U$ 曲线

图 2-7　不同温度下的光伏阵列输出关系

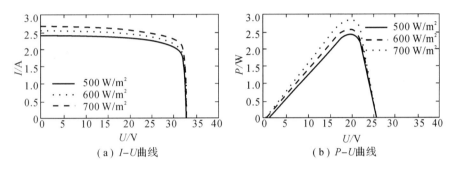

（a）$I-U$ 曲线　　　　　　　　（b）$P-U$ 曲线

图 2-8　不同辐照度下的光伏阵列输出关系

2. 最大功率点跟踪

由上述讨论可知：在光伏发电系统中，光伏阵列的发电效率除了与光伏阵列自身特性有关外，还受所在环境因素影响。处于不同的外界环境中时，光伏阵列可以运行在唯一的最大功率点上。而最大功率点跟踪（Maximum Power Point Tracking，MPPT）系统是一种通过调节电气模块的工作状态，使光伏阵列能够输出更多电能的控制系统，该系统还能将光伏阵列发出的直流电高效地存储在蓄电池中，这样便能很好地解决常规电网不能覆盖的偏远地区或旅游景点的生活及工业用电问题。

为提高光伏阵列发电效率，并使其输出有功功率始终保持在最佳状态，可采用相关的MPPT 控制算法。目前有关 MPPT 的控制算法很多，如电导增量法、定电压跟踪法、扰动观测法、爬山法、电量波动控制法、电流扫描法等[62]。但各种控制方法的基本原理相同，主要差别在于控制的变量采集与逻辑处理方法有别。下面重点以电导增量法作为算例进行介绍。

假设光伏阵列的输出有功功率为 P、电流为 I、电压为 U，三者存在如下关系：

$$P=UI \tag{2-5}$$

在最大功率点处，应满足

$$\frac{\mathrm{d}P}{\mathrm{d}U} = I + U \frac{\mathrm{d}I}{\mathrm{d}U} = 0 \tag{2-6}$$

针对式(2-7),现假设 U_k 和 I_k 为光伏阵列当前的输出电压和电流,U_{k-1} 和 I_{k-1} 为上一周期输出的电压和电流,U_{ref} 为光伏阵列变流器电压控制设定值。为获取最大功率输出点,需根据光伏阵列运行情况实时修改电压设定值,以保证输出功率稳定在最大功率点。首先依据实时检测出的系统电压与电流的大小及变化方向,确定系统功率的变化趋势,然后根据功率变化趋势给出电流的设定值,从而实现功率的跟踪调节。整套控制系统流程如图 2-9 所示。

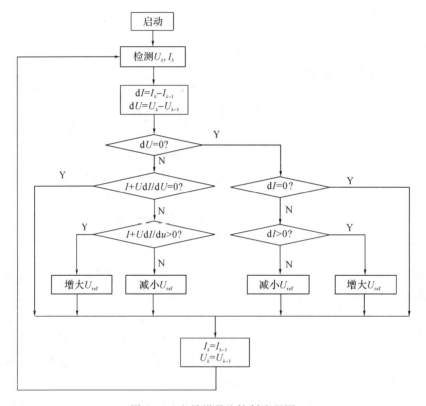

图 2-9 电导增量法控制流程图

2.1.3 光伏阵列并网逆变器控制策略

逆变器是一种由半导体器件构成的电力电子变流设备,其功能为将直流电能转换成交流电能,一般由升压回路和逆变桥式回路构成。升压回路把太阳能光伏阵列的直流电压升高为逆变器输出控制所需的直流电压,一般采用 DC/DC 直接升压实现;逆变桥式回路则把升压后的直流电压转换成工频频率的交流电压[63]。

光伏阵列一般有单级式并网系统和多级式并网系统两类，而单级式由于设备少，硬件成本低廉，所以在实际应用中更为常见。

1. 单级式并网系统

单级式并网系统是指光伏阵列输出的直流电能只经一级逆变而并网的系统。由于逆变过程仅有一级，所以该系统具有硬件电路简单、成本低廉、电能转换效率高等特点。但它对逆变器的控制要求相对较高，必须同时实现最大功率跟踪和可靠并网控制两个目的。根据控制回路的不同，单级式控制系统一般分为单环控制和双环控制，其中双环控制方式应用最广。图 2-10 所示为单级式双环光伏并网发电系统拓扑结构[60]。

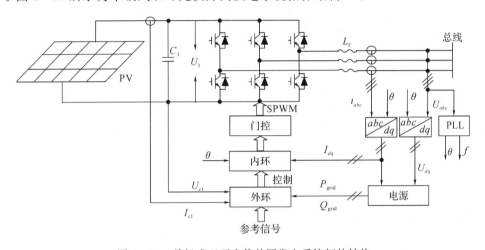

图 2-10　单级式双环光伏并网发电系统拓扑结构

典型的控制方式为直流电压、无功功率外环，电流内环控制方式。逆变器输出端经滤波电感后连接于电网。通常情况下，大电网电压波动很小，由于受大电网的牵制作用，并网逆变器输出电流的大小间接反映了功率的大小，也就是说，通过控制并网电流的幅值即可控制光伏阵列的输出功率。光伏逆变器通常采用双环控制策略，即电流内环和电压、功率外环控制策略：光伏阵列的输出电流、电压需要根据 MPPT 算法确定，依据 MPPT 算法确定的电压与电流具有一一对应关系，所以一般选择电流控制较多。功率外环的控制策略为：光伏逆变器可以同时输出有功功率和无功功率，因此在外环控制信号选择直流电压控制的同时也就选择了无功功率作为给定控制。

1）外环控制特点

单级式并网系统外环控制分为两部分：最大功率点跟踪和直流电压及无功功率控制。典型的控制结构如图 2-11 所示。MPPT 的控制思路为：光伏阵列输出电流 I_{pv} 和输出电压 U_{dc} 经过 MPPT 算法并由 U_{dcmax} 和 U_{dcmin} 环节限幅后，得到直流电压参考信号 U_{dcref}；同时，

U_{dc} 经滤波后得到滤波电压 U_{dcfilt}，然后 U_{dcref} 与 U_{dcfilt} 的差值电压经比例-微分环节计算得到内环控制器的参考信号 I_{dref}；同理，电网无功功率 Q_{grid} 经滤波后得到的 Q_{filt} 与无功功率给定值 Q_{ref} 的差值经比例-微分环节计算得到内环控制器的参考信号 I_{qref}。当外界的光照和温度变化时，直流电压或无功功率的误差信号不为零，这时 PI 调节器发出调节（无静差跟踪）指令，直至误差信号为零，控制器达到稳态，实现运行点的校正控制目的。

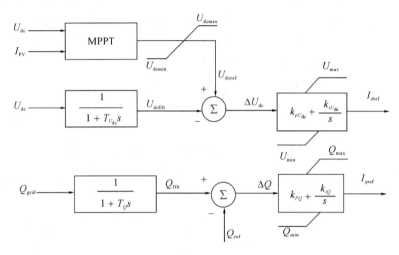

图 2-11 单级式并网系统外环控制器典型结构

2) 内环控制

光伏并网发电系统的内环控制常用的方法是 $dq0$ 旋转坐标系下的内环控制模式[60]。一种典型的单级式并网系统内环控制结构如图 2-12 所示。三相瞬时电流经派克变换后得到

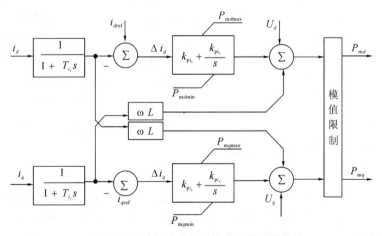

图 2-12 单级式并网系统内环控制结构

d、q 轴分量,即 i_d、i_q,然后经低通滤波器后与外环控制器输出参考信号 i_{dref}、i_{qref} 比较,并将误差校正和限幅后的输出功率作为 d、q 轴分量进行控制。图中的下标 pi_d/pi_q、ref、m 分别表示比例积分环节、参考给定值、绝对值。

2. 单级式并网系统仿真模型

针对上述单级式并网理论,搭建的仿真模型如图 2 - 13 所示。模型由上半部分和下半部分组成。

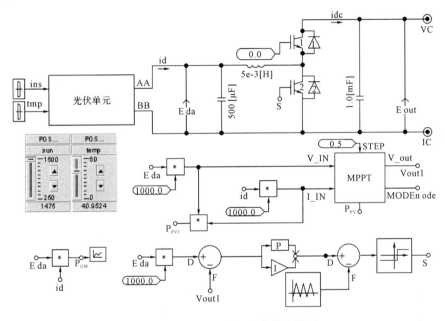

图 2 - 13　单级式并网系统仿真模型

上半部分可动态模拟环境变化时光伏阵列输出电流变化情形,调节参数为光辐照度和环境温度。光辐照度的调节范围是 0~1500 lx,温度调节范围是 0~60℃。

下半部分采用电导增量法计算 MPPT 的控制策略,通过采集光伏阵列输出的直流电压与电流大小作为 MPPT 模块输入条件,在确定仿真步长和输出功率的基础上得到逆变器控制信号 S 的驱动指令。

太阳能光伏发电的最大功率跟踪点控制实际上属于功率的自寻优过程,即通过采集电压、电流、功率等信息判断出当前工作点与峰值点的位置关系,并调节工作点电压(或电流),使其向功率峰值点靠拢,从而保证系统能可靠工作于功率峰值点附近,提高发电效率。

2.2　风力发电系统

国际上,风力发电系统的研究起步较早,并取得了大量研究成果。风力发电以其技术成熟、成本低廉和可大规模开发利用的优势成为发展最快、最具有竞争力的可再生能源发电技术[64-65]。本节重点介绍典型风力发电系统的数学模型及相关控制策略。

2.2.1　空气动力系统模型

风力发电机利用空气动力驱动发电机将风能转换为电能。采用空气动力模型描述风能转化的表达式为

$$P_{\mathrm{w}} = \frac{1}{2}\rho\pi R^2 \upsilon^3 C_{\mathrm{P}} \tag{2-7}$$

式中,ρ 为空气密度(kg/m³);R 为风轮半径(m);υ 为叶尖迎风速度(m/s);C_{P} 为风能利用系数,是叶尖速比 λ 与叶片桨距角 θ 的函数,可表示为

$$C_{\mathrm{P}} = f(\theta, \lambda) \tag{2-8}$$

叶尖速比定义为

$$\lambda = \frac{\omega_{\mathrm{w}} R}{\upsilon} \tag{2-9}$$

式中,ω_{w} 为风机机械角速度(rad/s)。

常见风机的风能利用系数 C_{P} 曲线如图 2-14 所示。根据风机叶片桨距角能否调节,风机可分为可变桨距风机和失速型风机两类。可变桨距风机的 C_{P} 值与叶尖速比 λ 和桨距角 θ 均有关系。

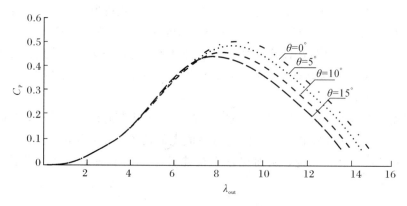

图 2-14　典型的 C_{P} 特性曲线

由图 2-14 可以看出：随着桨距角 θ 的增大，C_P 值明显降低。所以，为提高风机风能利用系数，首先应将桨距角置于最优值，再进一步通过变速控制使叶尖速比 λ 等于最优值 λ_{out}，从而使风机在最大风能转换效率 C_{Pmax} 下运行；相反，对于失速型风机，桨距角为一常数 $0°$，C_P 只与叶尖速比 λ 有关，因此风机只能在某一风速下运行于最优风能转换效率 C_{Pmax} 点，而更多时候则运行在非最佳状态，效率相对较低。

2.2.2　永磁同步发电机模型

1. 三种并网拓扑结构

直驱式永磁同步风力发电系统由风轮、发电机、桥式整流电路、Boost 斩波电路、逆变电路构成，如图 2-15 所示。左侧虚线框设备称为电机侧变流器，右侧虚线框设备称为网侧变流器。该风力发电系统并网结构一般有三种方式。第一种拓扑结构由不可控整流器和逆变器进行并网，采用二极管进行整流，其特点是结构简单，在中小变频调速装置中有较多应用，成本相对较低，但由于低风速发电时电机输出电压偏低，能量无法馈送电网。为解决低风速发电问题，实际的控制系统往往采用直流侧增加 Boost 升压电路的第二种方式，由于升压斩波电路的作用，拓宽了风机的风能利用范围。这种方式仍采用二极管作为整流桥，成本依然很低，尤其在大功率整流时效果更加明显，控制相对简单，但其发电机侧功率因数不容易控制，发电机功耗相对较大。第三种结构是由两个全功率 PWM 变流器与电网相连。与第二种方式相比，这种方式既可以控制有功功率也可以控制无功功率，很好地满足了功率因数设计要求，无需功率补偿装置；而且定子通过两个全功率变流器并网，可以与直流输电的换流站相连，以直流电的形式向电网供电。但当发电机功率较大时，此种方式的投资成本明显增加。

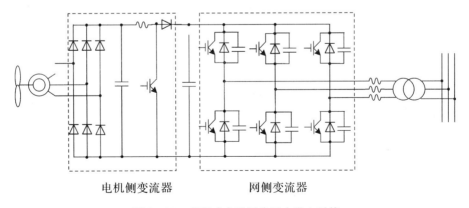

电机侧变流器　　　　　网侧变流器

图 2-15　直驱式永磁同步风力发电系统

2. 同步发电机数学模型

假设发电机定子绕组分布对称，电磁场均匀，忽略铁损和磁路不饱和情况，可以得到永磁同步发电机在三相静止坐标系下的数学模型。

电压方程：

$$\begin{bmatrix} u_a \\ u_b \\ u_c \end{bmatrix} = \begin{bmatrix} R_s & 0 & 0 \\ 0 & R_s & 0 \\ 0 & 0 & R_s \end{bmatrix} \begin{bmatrix} i_a \\ i_b \\ i_c \end{bmatrix} + \frac{\mathrm{d}}{\mathrm{d}t} \begin{bmatrix} \psi_a \\ \psi_b \\ \psi_c \end{bmatrix} \tag{2-10}$$

式中，u_a、u_b、u_c 分别为 a、b、c 三相电压，i_a、i_b、i_c 分别为 a、b、c 三相电流，ψ_a、ψ_b、ψ_c 分别为 a、b、c 三相磁链，R_s 为电枢电阻。

磁链方程：

$$\begin{bmatrix} \psi_a \\ \psi_b \\ \psi_c \end{bmatrix} = \begin{bmatrix} L_{aa} & M_{ab} & M_{ac} \\ M_{ba} & L_{bb} & M_{bc} \\ M_{ca} & M_{cb} & L_{cc} \end{bmatrix} \begin{bmatrix} i_a \\ i_b \\ i_c \end{bmatrix} + \psi_f \begin{bmatrix} \cos\theta \\ \cos(\theta - 2\pi/3) \\ \cos(\theta + 2\pi/3) \end{bmatrix} \tag{2-11}$$

式中，L_{aa}、L_{bb}、L_{cc} 分别为各相绕组自感，它们大小相等；M_{ab}、M_{ac}、M_{ba}、M_{bc}、M_{ca}、M_{cb} 分别为绕组间的互感，它们大小也相等；ψ_f 为转子磁链；θ 为转子磁极位置，即转子 N 极与 a 相轴线的夹角。

将式(2-10)和式(2-11)进行派克变换即可得到同步发电机两相静止坐标系下的电压与磁链方程。

电压方程：

$$\begin{bmatrix} u_\alpha \\ u_\beta \end{bmatrix} = \begin{bmatrix} R_s & 0 \\ 0 & R_s \end{bmatrix} \begin{bmatrix} i_\alpha \\ i_\beta \end{bmatrix} + \frac{\mathrm{d}}{\mathrm{d}t} \begin{bmatrix} \psi_\alpha \\ \psi_\beta \end{bmatrix} \tag{2-12}$$

式中，u_α、u_β 分别为 α、β 轴电压，i_α、i_β 分别为 α、β 轴电流，ψ_α、ψ_β 分别为 α、β 轴磁链。

磁链方程：

$$\begin{bmatrix} \psi_\alpha \\ \psi_\beta \end{bmatrix} = \begin{bmatrix} L_s & 0 \\ 0 & L_s \end{bmatrix} \begin{bmatrix} i_\alpha \\ i_\beta \end{bmatrix} + \sqrt{\frac{3}{2}} \omega_e \psi_f \begin{bmatrix} \cos\theta \\ \sin\theta \end{bmatrix} \tag{2-13}$$

式中，L_s 为 $\alpha\beta$ 轴电感，ω_e 为电机转子旋转电角速度。

将式(2-12)、式(2-13)经过派克变换可以得到同步发电机在两相静止坐标系下的电压及磁链方程。

电压方程：

$$\begin{bmatrix} u_d \\ u_q \end{bmatrix} = \begin{bmatrix} L_s & -\omega_e L_q \\ \omega_e L_d & L_s \end{bmatrix} \begin{bmatrix} i_d \\ i_q \end{bmatrix} + \frac{\mathrm{d}}{\mathrm{d}t} \begin{bmatrix} \psi_d \\ \psi_q \end{bmatrix} + \begin{bmatrix} 0 \\ \omega_e \psi_f \end{bmatrix} \tag{2-14}$$

式中，u_d、u_q 分别为 d、q 轴电压，i_d、i_q 分别为 d、q 轴电流，L_d、L_q 分别为 d、q 轴电感，ψ_d、ψ_q 分别为 d、q 轴磁链。

磁链方程：

$$\begin{bmatrix} \psi_d \\ \psi_q \end{bmatrix} = \begin{bmatrix} L_d & 0 \\ 0 & L_q \end{bmatrix} \begin{bmatrix} i_d \\ i_q \end{bmatrix} + \begin{bmatrix} \psi_f \\ 0 \end{bmatrix} \tag{2-15}$$

状态方程：

$$\frac{\mathrm{d}}{\mathrm{d}t} \begin{bmatrix} i_d \\ i_q \end{bmatrix} = \begin{bmatrix} -\dfrac{R_s}{L_d} & \dfrac{\omega L_q}{L_d} \\ -\dfrac{\omega L_d}{L_q} & -\dfrac{R_s}{L_q} \end{bmatrix} \begin{bmatrix} i_d \\ i_q \end{bmatrix} + \begin{bmatrix} \dfrac{1}{L_d} & 0 \\ 0 & \dfrac{1}{L_q} \end{bmatrix} \begin{bmatrix} u_d \\ u_q \end{bmatrix} + \begin{bmatrix} 0 \\ \dfrac{\omega \psi_f}{L_q} \end{bmatrix} \tag{2-16}$$

2.2.3　双馈风力发电机模型

双馈风力发电系统如图 2-16 所示。叶片采用变桨控制方式，其显著特点为风机转速可以在较大范围内调节，优化了系统参数，提高了风能利用率。由于双馈发电机定子和转子可以同时向电网馈送电能，而转子通过变流器改变磁场频率，从而有效保证了发电机定子输出与电网频率同步，达到了变速恒频的控制目的。双馈风力发电系统具有转子能量双向流动的特点。当发电机转子超同步运行时，功率由转子流向电网；当发电机转子亚同步运行时，功率由电网流向转子[66]。相对于恒速/恒频风力发电系统，双馈发电机仅在转子上连接有变流器，所以变流器体积较小，容量不到全功率变流器的 1/3，在性能方面也具有很大优势。其主要优点可总结如下：通过转子侧变流器并网，不需要专门的无功补偿设备，功率因数控制准确可靠；具有自动变桨功能，扩大了风速捕获范围，提高了风能利用率；采用发电机定子直接并网、转子间接并网的灵活控制方式，可以有效降低风机发电功率波动，保证了电能质量。鉴于上述原因，目前大型风力发电机的主流机型为双馈式变桨距控制机组。

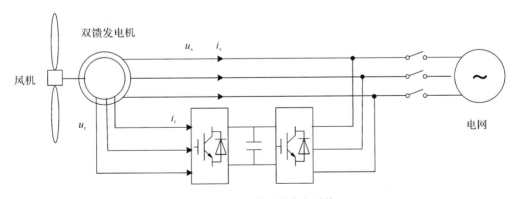

图 2-16　双馈风力发电系统

双馈风力发电系统模型如图 2-17 所示，主要由异步感应发电机、桨距控制模块、空气动力模块（桨叶）和轴系模块四部分构成[60]。

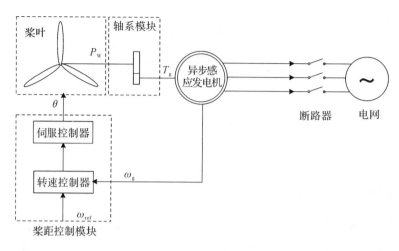

图 2-17　恒频/恒速风力发电控制系统

1. 桨距控制模型

早期的风机容量较小(不足 1 MW),多数以定桨距失速型风力发电机为主。这种分机控制简单,成本较低[67]。定桨距指的是风力发电机的风叶与轮毂是刚性固定连接,风叶的迎风角度不会随风速的变化而改变。定桨距的叶片在风速增大到超过额定风速时,气流将在风叶的表面产生涡流现象,从而引起升力系数减小,阻力系数增大,产生失速现象,这样可能限制发电机的功率输出。

近年来,随着风机叶片模具的进一步改造升级,风力发电技术日臻完善。为提高风能利用效率,变桨技术获得了广泛应用。其中最显著的特点是,风力发电机组不受风速变化的影响,无论风速如何变化,变桨系统都能实时调整叶片角度,使之获得较稳定的功率输出。实际运行的风机准确测定风速具有一定困难,往往以发电机的输出功率、转速与采集到的风速作校核,间接反映风速的变化情况。图 2-18 给出了以发电机转速 ω_g 作为控制器输入信号实现主动失速控制的系统结构图。

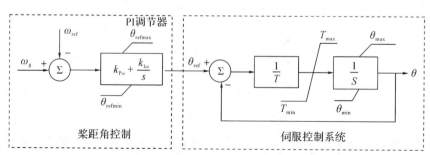

图 2-18　主动失速变桨距控制系统框图

PI 调节器的下限值 θ_{refmin} 一般设为零，这样当发电机转速 ω_{g} 低于额定转速 ω_{ref} 时，PI 调节器的输出 θ_{ref} 为零，桨距角 θ 相应地被控制在 0°，伺服控制系统不动作，实现桨距角的调节。伺服系统中相关的限幅环节动作特性如下：

$$\begin{cases} \dfrac{1}{T}(\theta_{\text{ref}}-\theta)<T_{\min} : \dfrac{1}{T}(\theta_{\text{ref}}-\theta)=T_{\min} \\[2mm] \dfrac{1}{T}(\theta_{\text{ref}}-\theta)>T_{\max} : \dfrac{1}{T}(\theta_{\text{ref}}-\theta)=T_{\max} \\[2mm] \theta<\theta_{\min} : \theta=\theta_{\min} \\[2mm] \theta>\theta_{\max} : \theta=\theta_{\max} \end{cases} \quad (2-17)$$

式中，T 为伺服系统的比例控制常数；$T_{\max}$ 和 $T_{\min}$ 为伺服控制系统比例控制输出的上限和下限幅值；$\theta_{\max}$ 和 $\theta_{\min}$ 为桨距角上限和下限幅值。

2. 轴系模型

常见的风力发电机系统轴系模型一般分为风机质块、齿轮箱质块和发电机质块。直驱式风力发电机例外，该机型无齿轮箱质块。由于各质块的惯量不同，例如风机质块惯量较大，而齿轮箱的惯量较小，所以建模过程中稍有差别，但更常见是两质块模型[60]。在建模过程中，为分析简单起见，往往将低速轴各参量折算到高速轴进行建模，此时的两质块轴系系统如图 2 - 19 所示。

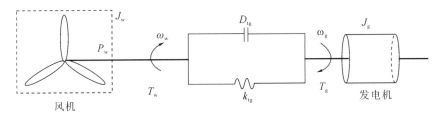

图 2 - 19　两质块轴系系统示意图

两质块轴系模型可表示为

$$\begin{cases} T_{\text{w}}=J_{\text{w}}\dfrac{\text{d}\omega}{\text{d}t}+D_{\text{tg}}(\omega_{\text{w}}-\omega_{\text{g}})+k_{\text{tg}}(\theta_{\text{w}}-\theta_{\text{g}}) \\[2mm] -T_{\text{g}}=J_{\text{w}}\dfrac{\text{d}\omega}{\text{d}t}+D_{\text{tg}}(\omega_{\text{g}}-\omega_{\text{w}})+k_{\text{tg}}(\theta_{\text{g}}-\theta_{\text{w}}) \end{cases} \quad (2-18)$$

式中，J_{w} 为折算后风机的惯性常数；D_{tg} 为折算后风机的阻尼系数；k_{tg} 为折算后风机的刚性系数；T_{w} 为风机的转矩；T_{g} 为发电机的机械转矩；ω_{w} 为风机转速；ω_{g} 为发电机转速；θ_{w} 为风机质块转角；θ_{g} 为发电机质块转角。

3. 发电机数学模型

对于风力发电机的数学模型描述，可以借鉴电动机定子、转子惯量。以定子、转子绕组电流流入作为参考正方向。与同步发电机类似，采用三相静止坐标计算法分析双馈风力发电机的数学模型由于存在时变特征与非线性，求解过程难度较大，往往采用坐标变换方法进行简化。

从结构上分析，双馈机和普通异步发电机的主要区别在于，双馈机的转子绕组引入励磁电动势，而普通异步机绕组短接，转子侧电压为零。因此在同步旋转坐标系下两类电机的方程仅转子方程有不同。在旋转坐标系下，双馈机的电压方程可描述为

$$\begin{cases} u_{sd} = p\psi_{sd} - \omega_s\psi_{sd} - R_s i_{sd} \\ u_{sq} = p\psi_{sq} + \omega_s\psi_{sq} - R_s i_{sq} \\ u_{rd} = p\psi_{rd} - s\omega_r\psi_{rq} + R_r i_{rd} \\ u_{rq} = p\psi_{rq} + s\omega_r\psi_{rd} + R_r i_{rq} \end{cases} \quad (2-19)$$

式中，下标 s 表示定子；下标 r 表示转子；ω_s 表示同步角速度。

磁链方程为

$$\begin{cases} \psi_{sd} = L_s i_{sd} + L_m i_{rd} \\ \psi_{sq} = L_s i_{sq} + L_m i_{rq} \\ \psi_{rd} = L_r i_{rd} + L_m i_{sd} \\ \psi_{rq} = L_r i_{rq} + L_m i_{sq} \end{cases} \quad (2-20)$$

式中，L_m 为定子、转子间的互感值。

转矩方程为

$$T_e = \frac{3}{2}(i_{sq}\psi_{sd} - i_{sd}\psi_{sq}) \quad (2-21)$$

转子运动方程为

$$T_J \frac{ds}{dt} = T_m - T_e - D\omega_r \quad (2-22)$$

式中，T_J 为双馈机惯性时间常数；T_m 为输入机械转矩；T_e 为发电机电磁转矩；D 为阻尼系数。

2.3 超级电容器储能系统

储能系统是指将电能、热能、机械能等不同形式的能源转化成其它形式的能量存储起来，需要时再将其转化为所需要的能量释放出去的系统。由于交流电能很难被高效利用和大量存储，因此时刻保持发电和用电平衡尤其重要。再加上用电负荷在不同时段或不同季节都会出现很大的随机波动现象，因此能量的存储与转换技术至关重要。储能系统可以将多余电量以不同的方式存储起来并在用电高峰期间释放，也可将低谷时期多余电能进行存

储，这样便有效解决了发电和用电的刚性耦合关系。

随着储能技术的日臻成熟和完善，储能设备的应用将不再局限于传统的火力发电、输电、配电和用电等领域，而是更多地应用于可再生能源领域。它不仅能使间歇性、随机性较强的可再生能源变得"可控、可调"，而且可以提高绿色能源的高效利用，是保证电力系统稳定控制的重要手段[68-69]。储能设备在分布式发电及微电网领域发挥的主要作用可总结为以下几方面[70-71]：

（1）提高风力发电、光伏发电的利用效率；

（2）为计划内的暂时电能稳定提供支撑；

（3）改善电能质量，包括电压、电流、频率以及无功功率；

（4）为高渗透率的可再生能源发电接入提供了保证；

（5）提高了分布式电源的利用效率。

2.3.1　超级电容器的特点

超级电容器是一种新型储能器件，也称为双层电容器，具有很高的功率密度，适合于大、中型功率的储能应用场合。超级电容器的工作电压很低，但电容值很大，主要优点为充放电过程中不发生化学反应，因而理论上认为充放电是可逆的。因此超级电容器的使用寿命或循环次数要比发生化学反应的电池大很多（约 $10^5 \sim 10^6$ 次[72]）。超级电容器的突出优点可总结如下[73]：

（1）属于高密度能量储存元件，几乎不存在充电与放电寿命问题；

（2）运行可靠，属于免维护设备；

（3）可以串联或并联应用，能够提高电压等级或扩大容量；

（4）不会造成环境污染。

虽然超级电容器的功率密度很大，但一个单体电容器的最大允许电压不能超过 3 V，因而无法满足绝大多数实际应用需求，必须针对某一特定应用的容量需求，确定超级电容器的单体数量。

2.3.2　超级电容器的数学模型

超级电容器通常有两种建模方法：使用等效电路建模和使用阻抗频谱建模。等效电路建模法的好处在于可以直接将所建模型与实际系统联系起来。这种建模方法应用较多。如图 2-20 所示，电容 C_0 是超级电容器的主要参数，是由两个双电层决定的基本电容值；C_u 是电容的瞬时充放电特性参数；R_s 是超级电容的串联阻抗，其值取决于电极中沉淀在金属板上的多孔材料的性能，但主要由电解质的离子导电决定；R_f 决定了超级电容器的漏电流，其值主要与隔膜的导电性有关，也受电解质所含杂质影响。除以上主要参数外，图

2-20 还增加了多个 RC 串并联单元，这些单元反映了电荷的再分配现象或者介电弛豫过程[74]。

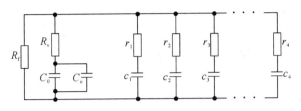

图 2-20 超级电容物理模型

由物理模型可知，超级电容器是一种复杂的电容、电阻串并联网络器件，这就导致存储的能量与荷电状态、电压等级、放电电流大小均有关。根据实际应用的侧重点不同，超级电容器的等效电路模型有多种串联方式。例如 RC 串联模型、改进的 RC 串联模型、RC 线性网络模型、RC 非线性网络模型、神经网络模型等，其中以 RC 串联模型和改进的 RC 串联模型应用最为广泛[75]。

1. RC 串联模型

图 2-21 所示为超级电容器简化的 RC 串联电路模型，可以直接等效为一个理想电容 C 与一个小阻值电阻 R_{ES} 相串联的结构。对于电容器的选型计算，可以参考下面的储能公式：

$$E = 0.5CU_C^2 \tag{2-23}$$

式中，E 表示电容器存储的能量，U_C 代表电容器的电压。

图 2-21 RC 串联电路模型

R_{ES} 是超级电容器充放电的一个重要参数，它表征了超级电容器内部的发热损耗状况，尤其对于大电流放电过程，R_{ES} 会消耗很大的能量。另外 R_{ES} 可以制约超级电容器的最大放电电流，对电容器具有一定的保护功能。该模型仅考虑了超级电容器的瞬时响应，不适合分析复杂系统。但该模型能够较准确地反映超级电容器的外在电气特征。当多个超级电容器进行串并联时，等效的串并联电阻 $R_{ESarray}$ 和电容 C_{array} 分别按以下两式计算：

$$R_{ESarray} = \frac{N_S}{N_P} R_{ES} \tag{2-24}$$

$$C_{array} = \frac{N_S}{N_P} C \tag{2-25}$$

式中，N_S 为串联超级电容器的个数，N_P 为并联超级电容器的个数。

2. 改进的 *RC* 串联模型[75]

图 2-22 描述了一个超级电容器的改进模型。并联等效电阻 R_{EP} 为漏电电阻，表征了超级电容器的漏电流效应，是改进模型的重要参数。漏电电阻的设置可以影响超级电容器的储能时间。该模型可以较好地反映超级电容器的基本物理特性，是目前使用最广泛的一类模型。但是当超级电容器经逆变器与电网连接，并处于较快和频繁充放电过程中时，漏电阻是可以忽略的。

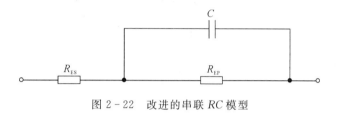

图 2-22　改进的串联 *RC* 模型

2.3.3　超级电容器的控制策略

超级电容器的输出为直流信号，在接入微电网或配电网系统时可以采用单独逆变或采用与其它直流设备构成直流母线的混合逆变。图 2-23 给出了常见的超级电容器典型的接入方式：采用电力电子变换器直接并入的方式以及与其它分布式电源并联后再共同接入的方式[76]。

（a）超级电容器直接接入模式

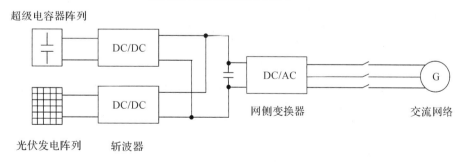

（b）超级电容器与光伏阵列并联运行

图 2-23　超级电容器的典型接入方式

为防止超级电容在充电、放电过程中引起端电压大幅波动现象，保证电能质量，图2-23(a)、(b)中均增设了DC/DC变换器，它们发挥了稳定直流电压的作用。由于超级电容器在充、放电过程中可以忽略并联等效电阻的影响，图中超级电容器常采用串联RC模型，其等效的串联电阻$R_{ESarray}$和等效电容C_{array}的计算仍然可采用式(2-24)和式(2-25)进行。

超级电容器的充电方式一般为"恒流-恒功率-限压"，或者为"恒流-限压"。若超级电容器完成充电以后便进入能量保持阶段，则此时储存的能量可以表示为

$$E = \frac{1}{2}C_{array}U_C^2 \qquad (2-26)$$

若采用前一种充电方式，其充电电流、功率及端电压的变化如图2-24所示。

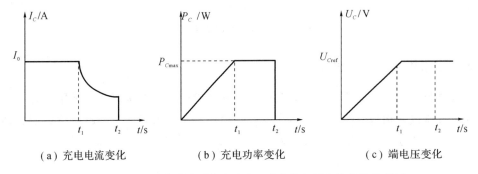

（a）充电电流变化　　　　（b）充电功率变化　　　　（c）端电压变化

图2-24　超级电容器阵列充电电流、功率端电压变化特性示意图

"恒流-限压"是一种大功率充电的简化形式。充电过程为：首先采取恒定电流充电直到端电压达到参考电压，然后转入限压浮充，并使充电电流逐渐减小到零，完成充电过程。

总结这两种充电方式，可以看出一些共同的优点：开始充电时应尽量采用较大电流，这样可以节省充电时间，然后采取限压浮充方式，既保证了充电质量，又可避免超级电容器因内部高温而影响其容量特性。

相反，超级电容器放电时，为防止电容端电压随放电时间变化，应实时调节DC/DC变换器的占空比来控制超级电容器的放电速度，实现超级电容器和直流电容之间的能量交换，可以有效恢复并维持直流电容电压，以利于网络侧变换器进行逆变。超级电容器能量的最大变化量可以由下式来描述：

$$E_{max} = \frac{1}{2}C_{array}(U_{Cmax}^2 - U_{Cmin}^2) \qquad (2-27)$$

超级电容器与其它分布式电源并联时，其充放电状态是由分布式电源运行情况和网侧状态共同决定的，此时，基于超级电容器DC/DC变换器的典型控制系统模式如图2-25所示。

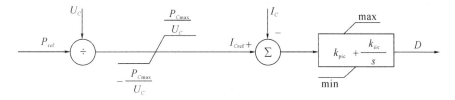

图 2-25 与其他分布式电源并联运行时 DC/DC 变换器的典型控制系统

2.4 蓄电池储能系统

蓄电池属于能量型设备，性价比较高，储能技术较为成熟，在分布式发电及微电网领域发挥了重要作用。

蓄电池的主要优点是：

（1）可以平滑放电，可以有效抑制功率突变，保证分布式电源的输出电压与频率恒定，提升电能质量，满足负荷正常供电需求；

（2）增强分布式发电系统的调度性，提高分布式发电系统并网的可靠性。

间歇式电源（如光伏发电、风力发电等）由于自身发电受外界环境影响较大，为电力系统提供的辅助调节能力有限，尤其是参与调频的能力更差。间歇式电源通常以最大功率跟踪方式发电，而不会参与调频。因此，到目前为止，微电网的接入并网比例依然很低。然而，分布式电源装机容量的进一步增加，或将取代一些传统的具有调频能力的火力发电机组，这使得分布式发电提供调频、调压等辅助调节成为可能。

由于蓄电池本身储存能量有限，且在运行过程中不断变化，因此通常对蓄电池容量的定义方法为：在一定的放电条件下蓄电池释放的电量，一般用符号 C 表示，常用的单位为安培·小时，简写为 A·h。蓄电池的容量可以分为理论容量、实际容量和额定容量[77]。理论容量指的是依据能量转换关系以及法拉第定律计算得到的最高理论值；实际容量是工程上常用的计算容量，一般小于理论容量；额定容量指的是按国家或有关部门颁发的标准进行定量，也是指蓄电池能够输出的最大电量。但蓄电池的实际容量输出受很多因素影响，例如放电电流、终止电压及温度等，因而蓄电池的实际容量也不一定等于额定容量[78]。

2.4.1 蓄电池的充放电数学模型

蓄电池的充放电数学模型有多种类型，如电化学模型、等效电路模型等。实际工程中等效电路模型应用得比较广泛，尤其适用于蓄电池的输出特性研究和数学仿真研究。一般情况下，蓄电池生产厂家都会提供不同的恒流放电电压特性曲线，这些曲线由电池厂家在出厂前通过实验测得，可以准确反映蓄电池在不同工况下的输出特性。图 2-26 给出了蓄电池的恒流放电特性曲线，它由两部分组成：① 初始放电的指数特性区；② 电压平缓下降的额定特性区。对图 2-26 给出的放电特性曲线进行拟合，可以得到图 2-27 所示的等效电路模型。图中，蓄电池的等效电路模型由内阻 R 与电压源 E 串联组成。R 由电池的制造厂家给出，并假设在运行过程中保持不变。E 通过下式计算：

$$E = E_0 - K \frac{C_{\max}}{C_{\max} - Q_e} + A \exp(-BQ_e) \tag{2-28}$$

式中，E_0 为内电势（V）；$C_{\max}$ 为蓄电池的最大容量；Q_e 为放电电量，A、B、K 均为拟合参数。在给定蓄电池的典型放电曲线时，该模型能够精确地反映蓄电池的电压随电流变化的特性。

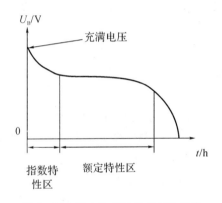

图 2-26　蓄电池恒流放电特性曲线

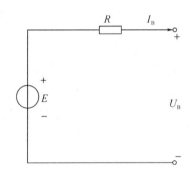

图 2-27　蓄电池等效电路模型

2.4.2　蓄电池的控制策略

由于蓄电池的使用寿命与充放电的电流大小、充放电的程度均有直接关系，为提升蓄电池的经济效益，必须对其充放电实施有效控制，这里遵循的主要原则有：① 控制蓄电池的过充和过放；② 控制放电电流值在合理范围之内；③ 控制过程需考虑环境温度影响。一般情况下，蓄电池的放电电量随环境温度的下降而减小，因此在不同的环境温度下，放电速度和程度也有所不同。

1. 蓄电池充电控制策略

蓄电池的充电控制策略包括充电方法选择、各充电阶段的快速切换、充电容量检测以及充电截止 4 个方面。目前蓄电池的充电有多种控制方法，例如常见的恒流充电、限压充电、浮充充电以及多段式充电等。

1）恒流充电

恒流充电指的是充电过程中始终保持充电电流为恒定的充电方式，常采用调节充电装置的输出电压来维持电流恒定。这种充电方法应用较广，可以根据实际需要调节充电电流，尤其适合于长时间小电流充电模式，同时对多个蓄电池的串联充电同样适用[79]。但这种充电方法也有缺陷：由于整个充电过程保持恒流状态，当在充电结束前（或充电后期），由于充电电流相对较大，可能会使充电析出气体太多，造成对蓄电池极板冲击过大，而且充电能耗升高。因此选择恒流充电方式时，充电电流值的控制贯穿整个充电过程。针对上述不足，提出了阶段等流充电方法，也就是在不同阶段选择不同的恒流充电方式。一般分为两个阶段，即充电初期用较大的恒定电流进行充电，使蓄电池快速恢复荷电状态，缩短充电用时，充电后期改用小电流充电方式，直至充电结束。

2）限压充电

限压充电指的是蓄电池的充电按照恒定电压的方式进行，即通过控制充电装置输出电压恒定实现充电过程[60]。限压充电的显著特点是：充电开始阶段，蓄电池充电电流相对较大，而充电电势较低，属于可加速充电过程；充电中期，充电电流的大小随充电电势的升高而逐渐减小；充电末期，充电电流逐渐减小直到降为零时充电结束。分析整个充电过程，这种方式充电时间短，能耗低。与恒流充电方式相比，限压充电方式更接近于最佳充电曲线，较适合于补充充电方式，但不适于初期充电。限压充电方式也存在一定缺陷：由于初始阶段充电电流较大，对深度放电的蓄电池进行充电时，可能会因充电电流急剧上升导致蓄电池过流而损坏。

3）浮充充电

浮充充电也是一种应用较多的充电方式。该方式能以恒定的浮充电压与较小电流进行充电，一旦停止充电，蓄电池会自然释放电能。浮充充电方式可以有效平衡自然放电过程，可认为是一种限压限流的充电方式。

4）多段式充电

研究表明：如果采用合理的控制策略，使充电电流始终接近或等于蓄电池可承受的充电电流，则不仅能缩短充电时间，而且不会使蓄电池内部产生大量气泡，将析气率控制在较小范围[80]。但在实际的充电过程中，若想获得图 2-28 所示的理想充电电流曲线非常困难。但可以考虑采用恒流充电与限压充电方式之间的互补关系，提升充电效果。目前多段式充电方式大多采用"恒流-限压-浮充"三阶段充电的控制策略，通过 DC/DC 变换器的控制系统实现，如图 2-29 所示。蓄电池控制系统的 DC/DC 变换器采取双环控制方式。

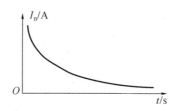

图 2-28　蓄电池可接受的充电电流示意图

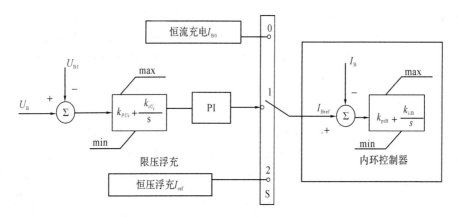

图 2-29　DC/DC 变换器三阶段充电控制系统

在充电初始阶段，一般采用"恒流充电"方式，也就是把开关 S 连接到"0"处。恒流充电要严格控制充电电流大小，因为一旦充电电流变大，可能产生剧烈化学反应从而影响蓄电池的寿命；相反，如果以很小的电流进行充电，则会拉长充电时间，降低充电效率。随着充电的进行，蓄电池端电压逐渐上升，当达到预先设定的电压阈值 U_{BJ} 时，恒流充电结束。

第二阶段为"限压充电"，目的为稳定蓄电池端口电压，防止损坏蓄电池。实验证明，恒流充电阶段结束时，蓄电池并没有充满，必须采用限压方式进行补充充电，此时开关 S 连接到"1"处，控制蓄电池的端口电压稳定在 U_{BJ} 处。随着限压充电的进行，蓄电池的电流逐渐减小，当充电电流降至浮充电流 I_{ref} 时，蓄电池已经基本充满。

第三阶段为"限压浮充"，此时开关连接至"2"处。浮充时应将充电电压 U_{BF} 限制在蓄电池的额定电压附近。限压浮充电流很小，既能保证充满状态，又可避免蓄电池高温过热。

从理论方面分析三阶段的充电方式较合理，但在实际应用中，设定各自浮充参数时，需经过大量反复试验才能达到最佳效果，使蓄电池的使用寿命得以延长。图 2-30 给出了采用"恒流-限压-浮充"三阶段充电控制策略时蓄电池的端电压和充电电流变化情况。

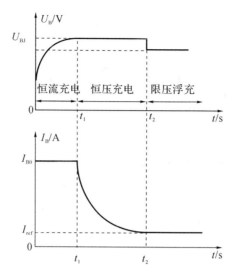

图 2-30 三阶段充电方式下蓄电池端电压和充电电流变化情况

2. 蓄电池放电控制策略

与超级电容器类似，当蓄电池放电时，其端电压会随放电时间而逐渐下降，需要实时调节 DC/DC 变换器占空比。当超级电容器采用单级式并网方式直接接入系统时，为了满足负载需求及提高储能的利用率，通常需要为超级电容器配置电力电子变换器，通过调节变换器使超级电容器处于恒流放电、恒压放电或恒功率放电等运行模式。当蓄电池与其它分布式电源并联运行时，选择充电还是放电工作状态由分布式电源的运行情况和交流网络情况决定。这种并网模式既可以有效减小分布式电源功率波动对电网的冲击，又能提高分布式电源的可调度性。

第3章 微电网自适应协调下垂控制

3.1 协调下垂控制方法分析

微电网内部分布式电源及储能设备多以电力电子变换器作为接口并入大电网。当微电网中含有若干逆变电源时，如何协调各电源的运行状态，合理分配输出功率，以满足微电网的两类稳态运行以及两类暂态过渡是其控制的关键[81]。国内外研究资料表明，针对分布式电源的主要控制策略可以分为恒压/恒频(V/f)控制、恒功率(PQ)控制以及下垂(Droop)控制。下垂控制又可分为P-f、Q-V下垂控制与f-P、V-Q下垂控制两类[82-83]。并网运行时，微电网的公共点电压与频率由大电网提供支撑，此时的分布式电源(如风电系统、光伏阵列等)均采用恒功率控制方式，目的是充分发挥绿色能源利用效率，尽可能地实现发电功率的最大追踪。储能设备多采用f-P、V-Q下垂控制方法，目的是为大电网电压跌落或频率偏移提供后备支撑。孤岛运行时，微电网一般选择易于调控、性能稳定的燃气轮机或蓄电池作为网内电压和频率参考，此时的控制策略多为主从控制和对等控制。对于主从控制，微电网的主要电源(或储能设备)采取V/f控制，网内其它电源则可采用PQ控制[84]。负荷功率的突变由主电源承担，因此要求主电源具备较大范围的功率调节功能和快速反应能力。对等控制策略是指微电网中多个可控型分布式电源在控制上均享有同等地位，共同参与微电网的电压、频率调节，常用的控制方法为P-f和Q-V。根据负荷的功率变化情况，这些电源按照不同的下垂系数进行合理分配。相比于主从控制模式，对等控制可以参考下垂系数，各分布式电源可以自动参与功率调节分配，有利于实现分布式电源的"即插即用"功能。

微电网控制的另一层含义是微电网如何"友好"地接入大电网，防止间歇性电源与随机性负荷的变化对大电网产生不良影响。采用功率型与能量型储能设备构建混合储能系统，可有效抑制分布式电源输出电压的高频和低频波动分量[85]。基于上述分析可看出，不同控制策略的适用范围与特点各自有别：主从控制需要性能稳定的主电源作为电压频率参考，对从电源的管理需要可靠的通信联络，一旦通信失败，控制将无法完成；对等控制无需通信即可实现"即插即用"功能，成本低廉，应用广泛。本章将重点研究基于混合储能的自适应协调下垂控制策略，详细分析混合储能的应用特点、容量配比、下垂系数的确定方法、分布式电源的功率共享问题，最后采用仿真和实验手段给予验证。

1. 微电网控制的特点

微电网稳定运行的控制策略与分布式电源的类型、负荷特性以及渗透率密切有关。相对于大电网发电过程，分布式发电运行时惯性小或者无惯性，为缓减分布式发电的频率与电压波动，配置一定容量的储能是必不可少的；另外微电网的选址一般位于负荷附近，不需要长距离的输电，几乎不用考虑线损与输电成本投资，所以微电网的运行控制与传统电网有着显著的不同，主要表现在以下几方面：

（1）微电网稳态和暂态特性，特别是含电力电子接口的耦合单元，与传统火电厂汽轮发电机相差甚远。微电网通常由公共点接入大电网，被认为是一个独立的、灵活可控的小型发电单元或负荷。在微电网内部可以合理优化各分布式电源的类型与容量配置，大大提高可再生能源的利用效率，从而减少由于可再生能源发电存在的间歇性对大电网构成的不利影响。

（2）微电网具有并网与孤岛两种典型运行模式。并网时，负荷所需电能既可以由微电网供给，也可以由大电网供给，但优先选择微电网供电方式。相反，当大电网发生严重故障或出现电能质量问题时，微电网须脱离大电网，运行于孤岛模式。对以孤岛模式运行的微电网的基本要求是满足网内电压与频率的合理波动范围，保证敏感负荷的连续供电。

（3）微电网通常连接于低压配电网，输电线路阻抗一般成阻性。此时的 R/X 一般大于$1^{[86]}$。而微电网多采用电力电子元件作为接口，使得网内分布式电源惯性很小，导致分布式电源过载能力较弱。

（4）微电网可以整合各类分布式电源，采用就近发电的原则，充分发挥不同电源优势，减少单个电源可能给电网造成的不利影响，降低因电网升级而增加的投资成本，降低输电损耗。

（5）微电网内部电源种类繁多，部分电源的发电具有明显的间歇性和随机性，往往取决于外部环境因素。单相电源和单相负荷的存在，加剧了微电网单相供电的不平衡程度。

（6）微电网不仅可以提供高质量的电能，还可以向负荷提供冷、热或三联供，这样的控制方式更有利于实现能源的阶梯利用和能效的全方位提高。

2. 微电网控制的要求

微电网内部分布式电源类型多样，各电源之间往往采用电力电子元件互连，所以基于微电网的分布式电源供能方式与常规配电系统或输电系统存在本质性的差异；另外，微电网的部分电源发电过程不可预知，运行模式具有多变等特征，所以微电网的控制过程异常复杂，在微电网研究初期可以借鉴传统电网的控制方法，但必须对控制策略作重大调整才能满足实际微电网运行控制要求。

微电网具有两种典型的稳态(并网、孤岛)运行模式与两种暂态(并网向孤岛切换、孤岛向并网切换)运行模式。并网运行时,微电网与大电网实现能量双向流动,控制的原则为尽量减少电能短缺,提高可再生能源的利用效率,并对大电网提供辅助功率调节功能。孤岛模式是指微电网与大电网分离的独立运行模式,此时微电网可作为一个单独的供电单元向网内负荷供电,满足重要负荷的连续供电要求。孤岛运行时,微电网失去大电网的电压与频率支撑,若在传统火电系统中,频率通过电厂发电机自身惯性来维持,而电压则通过无功功率的调节来控制。相对于大电网而言,由于微电网系统惯性较小,过载能力差,加上发电过程会有间歇性以及负载功率多变等特征,往往加剧了微电网频率和电压稳定的难度。由于微电网配电线路阻抗呈阻性,因此公共点电压的变化不仅与有功功率有关,还与无功功率有关,电压的控制需要通过两方面进行调节[87-88]。当微电网进行模式切换时,维持微电网电压频率的稳定依旧是其最关键的问题。如果在微电网内部功率不平衡情况下由并网模式切换到孤岛模式,微电网必将产生频率振荡现象。当微电网由孤岛重新并入大电网时,如何实现同步又是其必须考虑的问题。目前的方法是使用储能装置增加系统惯性,并用优化软件设置的控制策略来解决[89-90]。

图 3-1 给出了微电网各种运行状态及其相互转换关系。微电网中存在多种能源输入(风、光、天然气、储能等)、多种能源输出(冷、热、电)、多种能量转换单元(光-电、热-电、风-电、交流-直流-交流)以及多种运行状态(并网、孤岛),使其动态特性相对于单个分布式电源将更加复杂。在并网模式下,微电网受大电网的牵制作用,电压幅值与频率波动较小,控制策略相对简单,技术也较为成熟,学者们研究最多的是可再生能源利用效率的最大化与功率的快速跟踪[91-92]。而孤岛模式与暂态切换的控制较为复杂,是目前人们研究的热点和焦点[93],为此本章将重点围绕孤岛模式与暂态切换的控制策略展开深入研究。本章针对典型微电网构成设备,提出了含混合储能的自适应协调下垂控制策略,该策略充分考虑了功率型与能量型储能设备的互补优势,同时根据负荷的变化以及两类储能设备的荷电状态(State of Charge,SOC)自适应修正下垂因子大小,合理分配分布式电源的输出功率,从而达到稳定电压与频率的控制目的,提高输出电能质量。

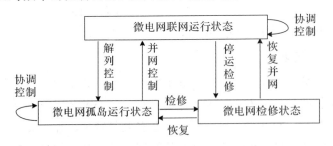

图 3-1 微电网典型运行状态

相对于大电网而言，微电网可以看作具有独特运行特征的虚拟发电机。并网运行时，微电网与大电网形成较好的能量互动方式，共同保证负荷用电的可靠性。孤岛时，微电网仍能通过卓越的控制策略保证全部负荷或敏感负荷供电连续。但与常规发电机组不同，由于微电网中分布式电源的种类和特性的差别，需要一些特殊的协调控制策略才可能使其满足并网运行条件。微电网孤岛运行时，必须具有离网独立运行能力，此时为了满足系统电压与频率恒定和快速跟踪负荷变化的要求，也需要针对微电网中的分布式电源采取相关控制措施。尤其在混合供能（单独供电/热电联供/冷热电联供等）、多种控制方式（集中控制/分散控制/自动控制/用户控制）、多种运行模式情况下，微电网中分布式电源的协调控制问题非常复杂，为此有必要进行深入探索和研究。

3. 微电网分布式电源的配置

由微电网的概念可知：凡是可以用来发电的设备或元件均可应用于微电网，例如常见的太阳能、风能、小水电、海洋、地热、燃料电池、燃气轮机等都是分布式电源。但对于绿色环保的发电方式而言，应尽可能地多利用可再生能源，以减少大气环境污染。由于微电网中发电单元容量较小，加上多数设备的接入需要使用电力电子设备，而大量电子设备的应用使得微电网在运行过程中更加缺乏惯性，甚至部分可再生能源的发电存在间歇性和随机性，因此，为保证微电网孤岛运行时负荷供电的连续性，储能成为微电网稳定运行不可或缺的关键设备。目前常用的储能包括蓄电池组件、超级电容、飞轮储能、压缩空气储能等。本书针对研究的微电网系统，在参考国内外现有分布式发电设备后，选择了风机、光伏、超级电容、蓄电池与常规负荷作为研究对象。

3.2　分布式电源控制策略

3.2.1　无逆变器分布式电源的控制方法

无逆变器接口的分布式电源控制方法可借鉴传统火电厂同步发电机的控制过程，其结构如图 3-2 所示。汽轮机与发电机同轴相连，再经阻抗为 Z 的线路连接于升压变压器并接到外网上。其转子运动方程可以描述为

$$T_m - T_e = \frac{J}{P} \frac{\mathrm{d}\omega}{\mathrm{d}t} \tag{3-1}$$

式中：T_m 为汽轮机输出的机械转矩；T_e 为发电机输出的电磁转矩；J 为发电机转动惯量；P 为发电机转子极对数。

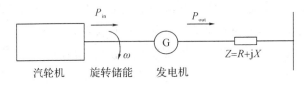

图 3 - 2　火电机组发电系统

由同步发电机原理可知，当负荷增加时，发电机输出功率相应增加，如果汽轮机输出机械功率不变，则将导致发电机转速下降，这时发电机的旋转机械能将变换为电能以补偿发电功率的缺额，满足能量平衡关系[94]；同时发电机的调速器检测到转速下降，以反馈方式调节汽轮机能量输入，保证电机转速达到额定值，从而稳定了系统频率。这一过程可以描述如下：

假设汽轮机的输入总功率为 $\sum P_\mathrm{T}$，发电机输出的总功率为 $\sum P_\mathrm{G}$。当忽略机组内部各类损耗时，$\sum P_\mathrm{T} = \sum P_\mathrm{G}$，输入与输出功率平衡。如果这时由于系统中的负荷突然变化而使发电机组输出功率增加 ΔP_L，而由于机械惯性，输入功率还未来得及作出反应，则有

$$\sum P_\mathrm{T} < \sum P_\mathrm{G} + \Delta P_\mathrm{L} \tag{3-2}$$

即机组输入功率小于负荷所需的受电功率，为了保持功率平衡，机组只能将转子的一部分动能转换为发电功率，致使机组转速降低，系统频率下降，则有

$$\sum P_\mathrm{T} = \sum P_\mathrm{G} + \Delta P_\mathrm{L} + \frac{\mathrm{d}}{\mathrm{d}t}\left(\sum W\right) \tag{3-3}$$

式中，W 为机组的动能损失量。发电机输出电压的幅值由励磁系统决定，而负荷连接点的电压大小可以通过调节变压器分接头及无功补偿来实现[95]。

3.2.2　含逆变器分布式电源的控制方法

含逆变器的分布式发电系统的分析方法可以借鉴传统火力发电机组系统的研究方法。图 3 - 3(a) 为含逆变器(部件)接口的交流电源系统。汽轮机与发电机同轴连接，发电机为自励方式，交流电能经整流器(部件)变换为直流电能，然后再经逆变器连接于就地负荷。为有效抑制分布式电源输出电压的波动及频率波动，往往将分布式电源的直流母线与储能部件并联[96-98]。图 3 - 3(b) 为含逆变器接口的直流电源系统。逆变器中的储能电容为逆变过程提供暂态能量，相当于同步机的机械旋转储能。分布式电源输出的频率由逆变器控制决定，而输出的电压幅值则由逆变器前端的直流电压和逆变器共同决定。所以，经逆变得到的电压频率变化与原动机并无直接关系，而是取决于逆变器的控制策略。另外，逆变器自身电容储能有限，从而决定了分布式电源的惯性不会很大。一般情况下，微电网中通常需要配备一定容量的其它储能设备，这些设备对于微电网的稳定运行、保证电能质量可以发

挥非常重要的作用[99-101]。现场实践中，对分布式电源的控制实质是对逆变器进行控制，要求控制方式简单、灵活、可靠，并能提高电能质量。下面就常见的控制方式进行分析探讨。

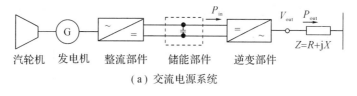

（a）交流电源系统

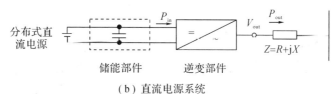

（b）直流电源系统

图 3-3　含逆变接口的分布式电源发电系统

1. 恒功率控制

恒功率控制也称为 PQ 控制，是指分布式电源接口逆变器采用恒定功率输出的控制模式。该模式要求分布式电源输出的有功功率及无功功率等于其给定功率。PQ 控制原理如图 3-4 所示，控制的目的是使具有下垂特性的有功功率和无功功率均维持在给定值附近。现假设微电网公共点电压频率与电压幅值均为额定值，分布式电源将运行于 A 点的额定工作状态，当频率、电压变化时，分布式电源运行状态将从 A 点沿垂直方向向 B 点移动，或者从 A 点向 C 点移动，但有功功率和无功功率始终保持在 P_{ref}、Q_{ref} 附近不变。该方法控制思路简单，硬件设计成本低廉，可以使系统输出的有功功率（或无功功率）按照预期设定的功率进行调节，但这样的控制方法不能单独使用，必须有维持电压和频率的其它分布式电源（或电网）作为支撑，常用于控制间歇性电源（如太阳能）的控制。

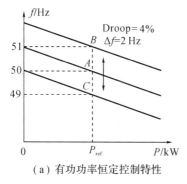

（a）有功功率恒定控制特性

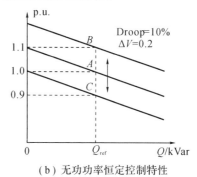

（b）无功功率恒定控制特性

图 3-4　PQ 控制原理

2. 恒压/恒频控制

分布式电源逆变器恒压/恒频（V/f）控制原理如图 3-5 所示，控制思想为分布式电源输出有功功率与无功功率可变，而电源端电压幅值、频率不变，也就是说分布式电源输出有功功率和无功功率沿水平方向变化，其端电压幅值为额定值，频率始终为工频频率。这类控制方法一般用于主从控制策略中对主电源实施控制的方法，例如性能稳定的燃气轮机或储能设备。

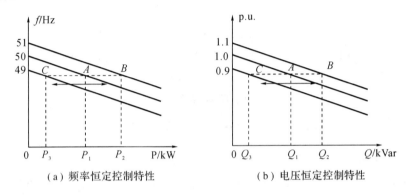

（a）频率恒定控制特性　　　　　（b）电压恒定控制特性

图 3-5　V/f 控制原理

3. 下垂控制

下垂控制策略是利用分布式电源的 P-f 以及 Q-V 的线性关系而设置的一种控制方法，其基本原理如图 3-6 所示。当分布式电源输出的有功功率与无功功率变化时，相应的频率和电压将沿着具有一定斜率的直线移动。该控制方法具有调节频率及电压速度快、灵敏度高、无需考虑分布式电源之间通信等优点，常用于"即插即用"的微电网逆变电源的控制。

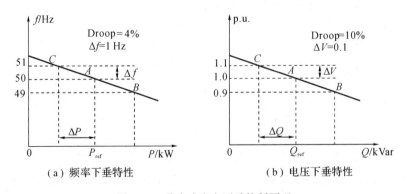

（a）频率下垂特性　　　　　　（b）电压下垂特性

图 3-6　分布式发电下垂控制原理

3.3 微电网的控制策略

3.3.1 主从控制

主从控制指的是在微电网内部至少含有一个主控制器,其余为从控制器。主控制器负责网内的功率平衡与压频稳定调节,并对从控制器发出控制指令,从控制器必须服从主控制器指令并实现辅助控制任务。整个控制过程对通信要求极为严格。主控制器可以是底层分布式电源,也可以是上层中心控制器。

1. 以底层电源作为主控制单元

这种控制方式以微电网内部底层一个性能优良的电源作为主控单元,形成主从控制方式,而这种主从控制方式主要应用于微电网内部各分布式电源之间,所以要求以通信的方式传输主控单元控制指令,必须保证通信准确无误,否则微电网将无法正常工作。并网时,系统电压及频率受大电网控制,此时主控电源无需调整电压和频率;孤岛时,主控制器需要给出额定的电压与频率参考值。基于底层电源为主控单元的控制策略为:并网时微电网中所有分布式电源均采用 PQ 控制,有功功率、无功功率输出按指定功率控制;而孤岛时,主单元需立即转换为 V/f 控制策略,以保证网内电压、频率恒定。采用 V/f 控制的优点在于负荷功率发生突变时,分布式电源逆变器端口的输出电压和频率仍能维持额定值不变。主电源 V/f 控制的工作原理如图 3-7 所示。

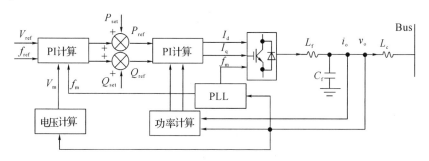

图 3-7 主电源 V/f 控制原理

2. 以中心控制器作为主控制单元

随着微电网技术的快速发展,以上层中心控制器作为主控单元对下层控制器进行控制的研究也越来越多。这种主从方式同样需要底层电源与上层管理系统进行通信联系,但它是一种弱通信方式,即使发生短时通信故障,微电网仍能稳定工作。

3.3.2　对等控制

对等控制指的是微电网内每个分布式电源地位相等，没有主从之分，每个电源均有自身的控制策略，电源之间不存在相互控制与通信关系。该控制方式更有利于实现微电网的"即插即用"功能。任何一个电源在投入或退出时，不需要改变其它电源的设置，只需要采集本地电量需求信息即可。理论上讲，采用对等控制策略的微电网可靠性较高，成本相对低廉。因此，该控制策略发展前景较好[102-106]。其中以 f-P 和 V-Q 下垂控制与 P-f 和 Q-V 下垂控制的研究最为多见。前者利用检测出的分布式电源输出电压频率和电压幅值生成参考信号，对有功功率和无功功率进行控制，工作原理如图 3-8 所示。后者利用检测出的分布式电源输出的有功功率与无功功率生成参考信号，对电压频率和幅值进行控制，工作原理如图 3-9 所示。

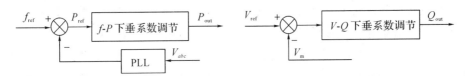

图 3-8　f-P、V-Q 下垂控制工作原理

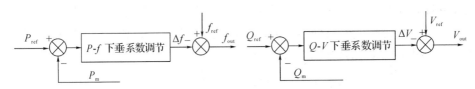

图 3-9　P-f、Q-V 下垂控制工作原理

3.4　控制策略对微电网稳定性的影响

微电网运行惯性小、模式多，其稳定性问题是当前讨论的热点问题。由于微电网没有足够的机械旋转储能，因而其负荷跟踪能力较低；尤其在两种运行模式(并网-孤岛、孤岛-并网)之间切换时缺乏惯性，更容易导致其暂态不稳定；电力电子装置的使用使得微电网的响应速度加快，分布式电源的过载能力变差。为增加含电力电子接口电源的惯性，提升过载能力，可增加储能设备。然而利用单一储能设备虽然可在一定程度上发挥抑制功率波动的作用，但很难同时满足功率与能量两方面的需求。尽管蓄电池能量密度大，但受化学反应速率的影响，当负荷突变时，难以快速跟踪功率变化，无法满足动态平衡要求；而超级电

容的放电过程属于物理变化，具有大功率密度特点，可满足功率突变应急情况，但其能量密度相对较低。将两者有益结合并应用于微电网控制中，这就是本书研究的出发点。文献[98—100]指出了超级电容与蓄电池组成的混合储能系统对微电网的稳定控制、电能质量改善和不间断供电的重要意义。文献[101]阐述了储能系统在分布式发电中的运行特点、工作原理及注意事项等；文献[102]深入研究了超级电容在微电网系统中快速补偿的实际应用；文献[103]提出基于电池与超级电容储能对于实现功率平滑控制及能量管理的一种策略；文献[104]指出了电池与超级电容储能的高效互补特性，并从理论上给以证明；文献[105]借助超级电容高功率密度与循环充放电次数多的优点，采用双向直流变换控制，优化电池的充放电过程。从上述文献可看出：微电网孤岛运行控制中，如何尽可能满足负荷的功率平衡及能量需求又同时优化混合储能单元的工作特性以提高电能质量的报道目前尚少。本书针对风电、光伏及混合储能设备构成的微电网系统，研究了微电网孤岛稳定运行对储能系统的基本要求，提出了基于混合储能系统的微电网协调下垂控制策略，增强了微电网各类模式运行时功率波动的快速响应能力，较好地满足了负荷功率动态平衡要求。

目前对于含电力电子装置的微电网控制的侧重点不同，算法各有差别。为简化控制算法，实现微电网公共点电压、频率的精准控制，并提升供电质量，本书提出的控制策略根据储能设备的不同充放电特性，同时考虑各自的荷电状态，实时修改储能设备输出功率下垂因子，从而使负荷所需功率在不同储能设备中合理优化分配。设计中选用互补性较强的超级电容与磷酸铁锂电池作为储能设备，在分析其各自工作特性的基础上，重点研究含两类储能设备的微电网综合控制算法，建立微电网控制策略数学模型，最后采用 PSCAD/EMTDC 软件进行仿真分析，验证了方案的合理性与有效性。

3.5　微电网结构设计

针对国内配电网的实际情况，在参考内蒙古电力科学研究院微电网运行系统的基础上，课题组构建了并列分支模式的风/光/储微电网系统，并在配置方面充分考虑了风力发电、光伏阵列、混合储能等多种电源的接入需求，构建了具有运行方式多样、结构灵活、简单的微电网模型，较好地满足了微电网综合控制与保护课题研究的需要。为充分利用绿色的可再生能源，微电源的类型选择了小型永磁风力发电机、晶硅与薄膜光伏电池阵列、超级电容器与磷酸铁锂电池混合储能系统。微电网内部负荷包括模拟负荷与实际负荷（如照明与汽车充电桩等），负荷的性质分为敏感负荷与非敏感负荷两类。系统结构如图 3 - 10 所示。微电网系统通过静态开关连于隔离变压器 0.4 kV 侧，变压器采用△/Y 接法，其中电网侧为△接法，微电网内部采用三相四线制供电方式。

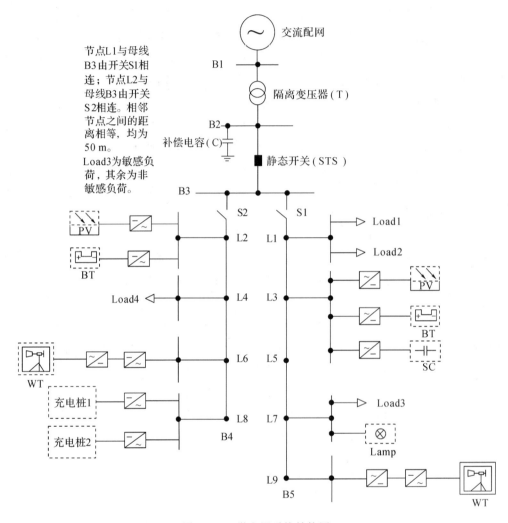

图 3-10　微电网系统结构图

节点L1与母线B3由开关S1相连；节点L2与母线B3由开关S2相连。相邻节点之间的距离相等，均为50 m。Load3为敏感负荷，其余为非敏感负荷。

　　微电网中分别设置两段低压母线 B4 和 B5，在每段母线上接入相同容量的光伏阵列、小型永磁风力发电机、蓄电池及模拟负载。另外在母线 B5 上同时增加超级电容器储能系统，主要满足敏感负荷的供电连续、可靠的要求。微电网内部的分布式电源、模拟负载和电动汽车充电桩分别通过断路器接到微电网交流母线上。模拟负载为 R、L、C 可调节负载，通过对所接入电阻、电抗和电容的挡位调节，可以测试负载消耗的功率和校准功率因数。

　　微电网容量配置：光伏阵列设计总发电容量为 40 kW，共分成三组，分别为单晶硅、多晶硅、薄膜电池，其中单晶硅由两组阵列组成，容量为 20 kW，其余两种的设计容量均为

10 kW。实际接入时，可任意选择两组光伏阵列接入一台光储变流器中。另外设计了两台容量各为 10 kW 的小型永磁直驱风力发电机。储能的设置为两组锂电池和一组超级电容器。超级电容器的放电容量为 30 kW，持续放电时间为 10 s；每组锂电池的放电容量为 10 kW，可持续放电 1 小时。

　　微电网系统中风机、光伏电源除具有不稳定性外，还极易受到外界环境变化的影响，同时考虑负荷投切等动态行为也具有不确定性。本书选用互补性较强的磷酸铁锂电池与超级电容器组合，前者可稳定公共点电压，保证能量供需平衡，后者可快速补偿负荷功率波动，抑制功率突变对公共母线的冲击。现以图 3-10 右侧开关 S1 所连接的微电网为例进行分析。

　　光伏及储能设备经变流器连接于交流母线，风机由背靠背变流器连接于交流母线。负荷分为敏感与非敏感两类，若偶遇突发故障需要减载时则优先切除非敏感负荷。大电网经隔离变压器(Transformer，T)、静态开关(Static transfer switch，STS)与母线相连。当电网发生故障时，则静态开关断开，此时微电网处于孤岛运行模式。忽略变换器件的功率损耗，各设备进线功率可描述为

$$\Delta P = \sum P_i - P_{\mathrm{wt}} - P_{\mathrm{pv}} = \Delta P_{\mathrm{bt}} + \Delta P_{\mathrm{sc}} \tag{3-4}$$

式中，$\sum P_i$ 为负荷所需功率总和；P_{wt} 为风机输出功率；P_{pv} 为光伏输出功率；ΔP_{bt} 为电池功率变化量；ΔP_{sc} 为超级电容器的功率变化量；ΔP 为有功功率变化量。ΔP 为正表示储能设备处于放电状态，为负则表示充电状态。在较短时间内，风机与光伏输出功率可认为不变，则负荷的功率突变主要由储能设备进行补偿。为使两种储能设备输出功率合理分配，保证微电网运行的电压与频率稳定，本书设计了自适应协调下垂控制方法，可以用于负荷功率的精确分配，能够消除线路阻抗影响，适用于复杂微电网结构，旨在充分利用可再生能源，提升微电网供电质量。蓄电池属于能量型设备，输出功率调节有限，且充放电次数相对较少；而超级电容属于功率型设备，调节范围大，速度快，几乎不受充放电次数的影响。两者的有益结合能够很好地满足分布式发电对储能设备的基本要求。

3.5.1　自适应协调下垂控制策略

1. 自适应协调下垂控制原理

　　传统下垂控制方法功率分配不合理，多台逆变器之间可能产生较大的有功环流和有功均分等误差，具体的分析过程可参看文献[106-108]。

　　这里为简化分析过程，以有功功率为例说明。有功功率变化量可表示为

$$\Delta P = \Delta P_{\mathrm{bt}} + \Delta P_{\mathrm{sc}} \tag{3-5}$$

参考图 3-6，电池与电容储能的有功变化量可表示为

$$\begin{cases} \Delta P_{bt} = \dfrac{\Delta f}{k_{f\_bt}} \\ \Delta P_{sc} = \dfrac{\Delta f}{k_{f\_sc}} \end{cases} \tag{3-6}$$

式中，k_{f_bt} 为蓄电池（$P\text{-}f$）下垂因子；k_{f_sc} 为超级电容（$P\text{-}f$）频率下垂因子。

将式（3-6）代入式（3-5）得：

$$\Delta P = \frac{\Delta f}{k_{f\_bt}} + \frac{\Delta f}{k_{f\_sc}} \tag{3-7}$$

$$\Delta f = \frac{\Delta P}{\left(\dfrac{1}{k_{f\_bt}} + \dfrac{1}{k_{f\_sc}} \right)} \tag{3-8}$$

由式（3-6）可得：

$$\begin{cases} \Delta f = k_{f\_bt} \cdot \Delta P_{bt} \\ \Delta f = k_{f\_sc} \cdot \Delta P_{sc} \end{cases} \tag{3-9}$$

联立式（3-6）和式（3-8）可得

$$\begin{cases} \Delta P_{bt} = \Delta P \left(\dfrac{k_{f\_sc}}{k_{f\_bt} + k_{f\_sc}} \right) \\ \Delta P_{sc} = \Delta P \left(\dfrac{k_{f\_bt}}{k_{f\_bt} + k_{f\_sc}} \right) \end{cases} \tag{3-10}$$

由式（3-10）可知，调节 k_{f_bt} 和 k_{f_sc} 的大小，即可控制电池和电容的输出有功功率。电池的响应速度不及电容，而在微电网负荷功率突变过程中，储能设备的响应速度是实现公共点电压频率恒定的重要因素，为此，应该使超级电容的输出功率大于电池的输出功率。根据式（3-10）得出结论，设置系统下垂因子时应该考虑 k_{f_bt} 数值需大于 k_{f_sc} 数值，进而使功率突变时刻可以达到上述目的。传统下垂控制与改进下垂控制负荷分配如图 3-11 所示。

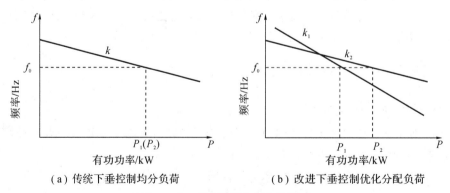

（a）传统下垂控制均分负荷　　　（b）改进下垂控制优化分配负荷

图 3-11　下垂控制分配负荷原理

图 3-11(a)中，若两电源下垂系数相同，则将各自均等分配负荷。对于不同性质的电源，可能存在容量大小有别或者荷电状态不同，则可能导致储能的过放情况影响使用寿命。图 3-11(b)为改进的下垂控制，由于下垂系数不同，各电源根据自身电量状态，可以优化负荷分配以满足系统稳定运行需求。图 3-12 为蓄电池自适应下垂控制结构图。超级电容器的控制方法可类似推导。

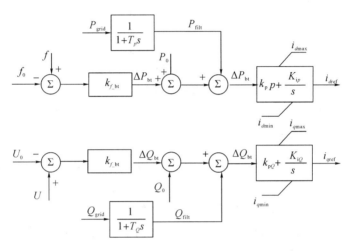

图 3-12　蓄电池自适应下垂控制结构图

2. 考虑 SOC 的功率分配模型[109]

为了更好地发挥两类储能设备的功效，同时考虑两者不能过充和过放，提高系统经济效益，在下垂控制的策略中可增加荷电状态(State of Charge，SOC)因素，即在储能设备放电时，需考虑自身剩余电量能否达到计算输出功率水平。针对图 3-10 所示系统，则各储能设备的 SOC 计算公式可表示为

$$\begin{cases} \mathrm{SOC_{sc}} = \mathrm{SOC}_{sc\,t=0} - \dfrac{1}{c_e u_{sc}} \displaystyle\int P_{insc}\,\mathrm{d}t \\ \mathrm{SOC_{bt}} = \mathrm{SOC}_{bt\,t=0} - \dfrac{1}{c_e u_{bt}} \displaystyle\int P_{inbt}\,\mathrm{d}t \end{cases} \quad (3-11)$$

式中，$\mathrm{SOC}_{sc\,t=0}$、$\mathrm{SOC}_{bt\,t=0}$、P_{sc}、P_{bt}、u_{insc}、u_{inbt} 分别为超级电容与蓄电池的初始荷电数、输出功率与端口电压，c_e 为储能单元容量。因此考虑 SOC 情况下的超级电容控制模型为

$$\Delta f = \frac{1}{\mathrm{SOC_{sc}}} \Delta P_{sc} \quad (3-12)$$

同理可得到蓄电池的控制模型为

$$\Delta f = \frac{1}{SOC_{bt}} \Delta P_{bt} \qquad (3-13)$$

可见，储能设备的功率分配与荷电状态成正比关系，当荷电较少时，功率输出将受到限制，从而保护了储能设备的过放现象。综合上述讨论可得出的下垂控制模型为：当储能设备容量满足放电要求时，可提供负荷缺额功率；相反，则应快速切除非敏感负荷。类似地可推导出两类储能设备输出功率与荷电状态关系为

$$\begin{cases} \Delta P_{SOC\_sc} = \Delta P \left(\dfrac{SOC_{sc}}{SOC_{sc} + SOC_{bt}} \right) \\ \Delta P_{SOC\_bt} = \Delta P \left(\dfrac{SOC_{bt}}{SOC_{sc} + SOC_{bt}} \right) \end{cases} \qquad (3-14)$$

式中，ΔP_{SOC_sc} 为考虑荷电状态时超级电容输出的有功功率；SOC_{sc} 为超级电容荷电系数；ΔP_{SOC_bt} 为考虑荷电状态时蓄电池输出的有功功率；SOC_{bt} 为蓄电池荷电系数。

3. 混合储能系统的协调下垂控制仿真模型

参考图 3-10，将开关 S2 连接部分采用数字仿真软件搭建的模型结构如图 3-13 所示。大电网经降压变压器与静态开关连接于交流母线 B1 上，分布式电源(光伏阵列与风机)系统经变流器接于公共点，控制策略为 PQ 方式。类似地，储能设备(超级电容与蓄电池)经逆变后连接于公共母线 B4，控制策略为自适应协调下垂控制方式。负荷 Load1 为敏感负荷，Load2 与 Load3 为非敏感负荷，微电网实际运行过程中需要减载时优先考虑切除后者，保证敏感负荷的供电连续。

为便于分析协调控制原理，图 3-14 给出了考虑 SOC 时混合储能系统控制结构，其中，ΔP 为储能设备输出的有功功率，通过频率的偏移量和各自的下垂因子计算超级电容和蓄电池各自理论输出的有功功率，然后考虑两类储能设备不同特性以及两者的荷电状态进行优化分配并调整实际的输出功率，也就是首先采集电压频率的偏移量，然后结合自身 SOC 荷电状态，确定下垂因子值，控制输出有功功率以满足预期设计要求。其仿真模型如图 3-15 所示。

特别地，在以下两种情况下可单独调节一类储能设备的下垂因子：

(1) 由于超级电容响应速度比较快，当微电网由并网向孤岛状态切换，负荷增加使系统频率偏移超出一定范围时，可减小下垂因子使其输出较大功率来快速恢复电网频率。

(2) 由于蓄电池响应速度较慢，若系统频率仅在小范围内变化，则可减小蓄电池的下垂因子，使其缓慢稳定电网频率。这样既能满足孤岛运行时的电能质量要求，又可延长蓄电池的使用寿命，提高经济效益。

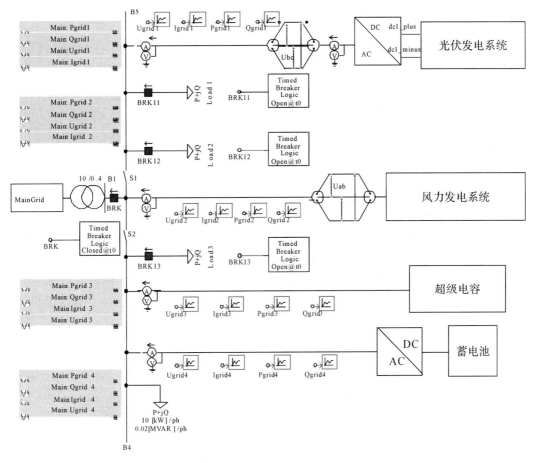

图 3-13　系统仿真模型

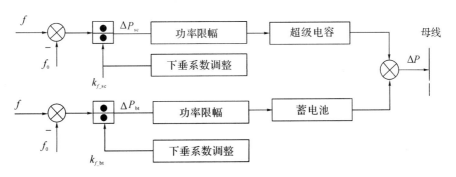

图 3-14　双储能系统的控制策略

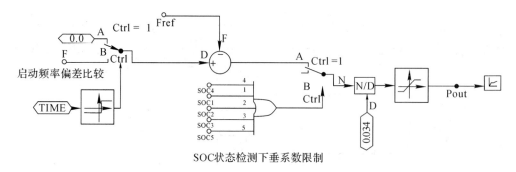

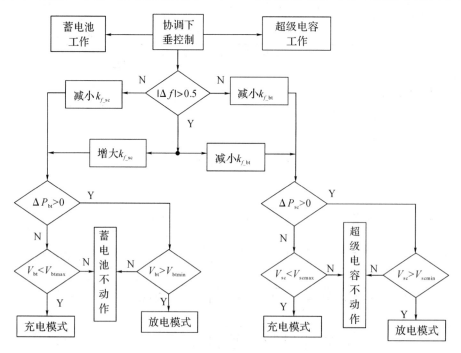

图 3-15　混合储能系统的控制策略仿真模型

4. 系统的切换控制流程

参考两类储能设备的自身特性，设计的混合储能下垂协调控制策略模式切换流程如图3-16所示。我国国标规定工频电压频率允许的变化范围是0.5 Hz，所以这里也以0.5 Hz作为频率波动调节的临界值。两类储能设备均采用协调下垂控制策略，但两者的充放电特性具有很大差别。当电压频率变化超过0.5 Hz时，超级电容与蓄电池的下垂因子都将减

图 3-16　混合储能下垂协调控制策略模式切换流程

小，理论上须保证前者输出更多功率，但还需要检测荷电状态，若满足放电条件，则进入放电状态，如果由于荷电状态原因不具备放电条件，则储能设备进入休眠状态；与此相对应，当频率变化小于 0.5 Hz 时，证明负荷功率有少部分缺额现象，此时同样需要调整各自的下垂因子，但仍然须考虑荷电状态因素，要求蓄电池输出相对较多功率，从而满足系统稳定频率的目标。对储能设备充电的条件为：用电低谷时期可能有多余电量和满足充电的荷电状态，即储能设备充放电应满足 $V_{min}<V<V_{max}$。下垂因子的设定与有功功率的缺额程度相关，储能设备放电开始的一段时间内需要快速补足功率，以保证频率稳定，在此后的一段时间内，控制器会根据系统频率的变化速度自动调整下垂因子，最终达到功率的动态平衡。

3.5.2　微电网系统仿真算例

微电网分布式电源及负荷功率参数如表 3-1 所示。

表 3-1　分布式电源及负荷功率参数

序号	电源名称	功率/kW	备　注
1	光伏阵列	20	单晶硅
2	风电机组	10	永磁同步
3	蓄电池	20	8 h
4	超级电容	15	20 s(4F)

风机功率为 10 kW，光伏功率为 20 kW，蓄电池额定功率为 20 kW，额定电压为 400 V。按照最大功率输出并持续 8 h 的时间原则，确定的电池容量为 250 A·h。超级电容功率为 15 kW，按照最大功率输出持续 20 s 计算，得到的电容值为 4 F。

算例 1　微电网模式切换与储能设备不同方式投入的仿真分析

本算例是对微电网由并网运行向孤岛切换时单独投入一类储能设备与混合储能同时投入的电压频率稳定控制进行的仿真。假设微电网初始运行状态为并网模式，第 1 秒钟切换至孤岛模式，负荷有功功率缺额为 10 kW，无功功率为 3 kvar。假设储能设备下垂系数均相等，荷电状态均为 100%，孤岛时刻设置为第 1 秒，再并网时刻为第 2 秒，孤岛持续时间为 1 秒。

图 3-17 为单独投入蓄电池储能设备时的公共点电压波形。图 3-18 为单独投入超级电容储能设备时的公共点电压波形。分析上述两组波形可以看出：公共点电压波形并无明显变化，幅值仍然为额定值，孤岛运行对于微电网公共点电压影响不大，这证实了两类储能设备对于稳定电压都能达到较好效果。

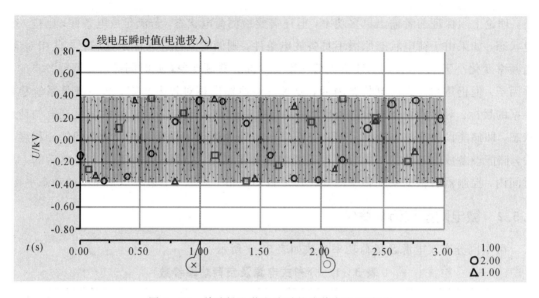

图 3-17 单独投入蓄电池时的公共点电压波形

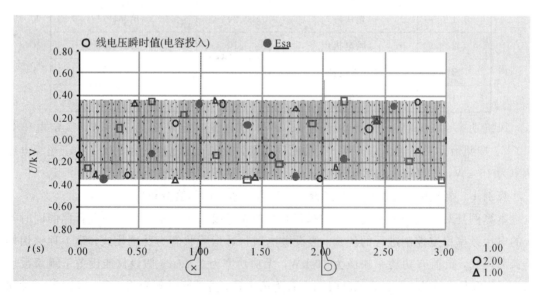

图 3-18 单独投入超级电容时的公共点电压波形

图 3-19 为单独投入蓄电池时的公共点电流波形，图 3-20 为单独投入超级电容时的公共点电流波形。分析电流波形可以看出：孤岛发生时微电网缺乏外部功率支撑，所以两类储能设备在孤岛瞬间均有电流幅值的突变过程，由于各储能设备的下垂系数与荷电状态均相对，所以两者输出的电流幅值基本一致并持续到第二次并网，功率的增大部分主要用

于补偿负荷的新增量。

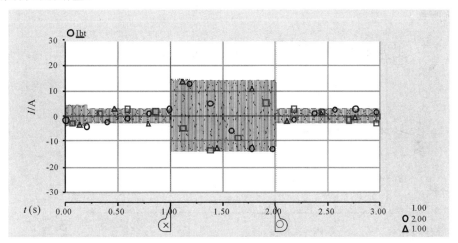

图 3 - 19 单独投入蓄电池时的公共点电流波形

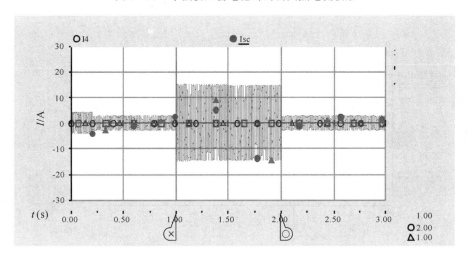

图 3 - 20 单独投入超级电容时的公共点电流波形

图 3 - 21 为单独投入蓄电池后的有功功率与无功功率输出波形。图 3 - 22 为单独投入超级电容后的有功功率与无功功率输出波形。由图可知：功率输出的稳态值基本一致，两者都能够向负荷提供 10 kW 的有功功率及 3 kW 的无功功率，但暂态过程波形变化明显。超级电容的输出功率跟踪敏感迅速，负荷功率突变瞬间上升曲线陡峭，补偿效果更好，负荷切除瞬间也能表现出较好的功率关断特性，下降曲线陡峭，充分体现了超级电容这一功率型器件的特点和优势。而蓄电池运行在稳态期间功率输出平滑、无波动现象产生，而在

负荷突变的暂态瞬间上升曲线略显平缓，放电速度较慢，究其原因主要是受到了化学反应速度影响所致。

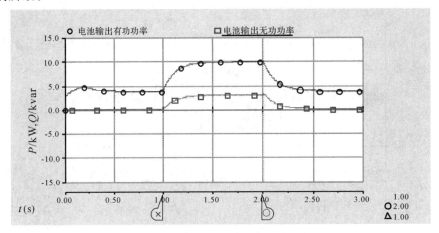

图 3-21　单独投入蓄电池时的输出功率

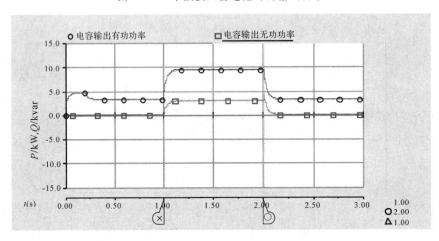

图 3-22　单独投入超级电容时的输出功率

　　图 3-23 为单独投入蓄电池的公共点电压频率波形，图 3-24 为单独投入超级电容的公共点电压频率波形。分析各自波形可以看出：蓄电池由于暂态瞬间不能快速补充缺额功率，从而出现了明显的频率抖动现象，最大幅值接近 0.9 Hz，持续时间约为 50 ms；而超级电容在暂态瞬间同样出现了电压频率的波动现象，最大幅值接近 0.5 Hz，持续时间约为 50 ms。超级电容补偿后的频率波动更平滑，而蓄电池则稍差一些。我国国家标准GB/T15945—1995《电能质量　电力系统频率允许偏差》规定：频率偏差（frequency deviation）是指系统频率的实际值和标称值之差。

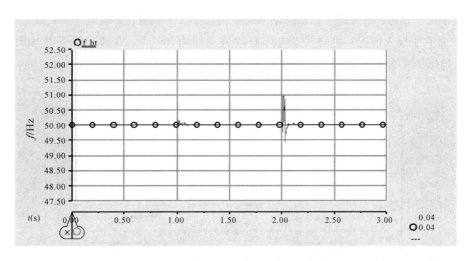

图 3-23　单独投入蓄电池时的频率波形

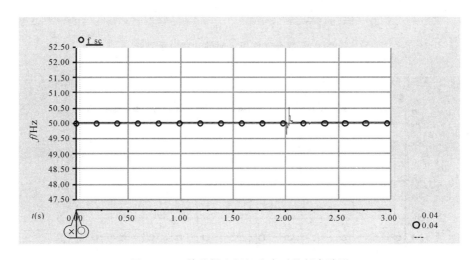

图 3-24　单独投入超级电容时的频率波形

国标规定的频率偏差限值可以参考以下两种情况：

（1）电力系统正常运行条件下频率偏差限值为±0.2 Hz。当系统容量较小时，偏差限值可以放宽到±0.5 Hz。

（2）冲击负荷引起的频率偏差限值为±0.2 Hz，根据冲击负荷性质和大小以及系统的条件也可适当变动，但应保证电力网、发电机组和用户的安全、稳定运行以及正常供电。根据国标的有关规定，上述波动频率均能满足电能质量指标要求。图 3-25 为两类储能同时投入时的功率分配波形，图 3-26 为两类储能同时投入的公共点电压有效值及频率波形。分析各自波形可以看出：两类储能在稳态期间的输出功率几乎相等，分别为 5 kW 和 2 kvar，暂态过程类似单独投入情况；而公共点电压有效值大约为 380 V，在暂态瞬间并无明显的波动现象，电压频率为工频 50 Hz，几乎无波动现象。

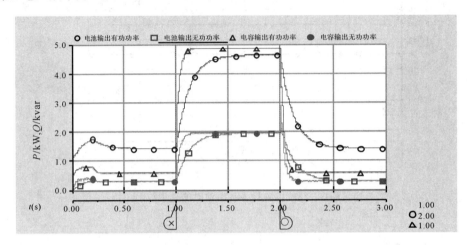

图 3-25　混合储能投入时的功率分配波形

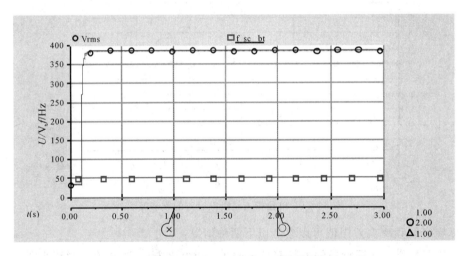

图 3-26　混合储能投入时的电压有效值与频率波形

　　总结算例 1 的仿真结果发现：蓄电池与超级电容单独投入微电网系统，在两者的荷电状态均满足放电条件的前提下，两者都可以在一定程度上平抑微电网的模式切换与负荷突变引起的电压与频率波动现象，而混合储能设备同时投入的平抑波动效果则更加显著，电压与频率几乎无波动，对于满足敏感负荷用电要求和提高电能质量是非常有益的。

算例 2　微电网孤岛运行时内部负荷的投入、切除仿真分析

本算例针对微电网运行于孤岛状态，分析内部负荷投入与切除时的公共点电压与频率变化特征。荷电状态参数：超级电容为 80%，蓄电池为 60%，两者的下垂系数相同。在 $0.5\sim1.0$ 秒期间新增有功负荷 15 kW，无功负荷 3 kvar，在 $2.0\sim2.5$ 秒期间切除有功负荷 10 kW，无功负荷 2 kvar，验证混合储能同时投入时的电压及频率波动特征。图 3-27 为公共点电压波形，在两段负荷变化期间，电压波形出现小幅波动现象，主要原因为储能系统的荷电状态不足，出力变差，但波动范围最大为 10 V，满足国标的电压波动要求；图 3-28 与图 3-29 分别为两类储能的逆变电流分配波形，由于荷电状态与容量的限制，超级电容的输出电流会更大一些，满足了预期设计目的。图 3-30 为混合储能在负荷投切时各自输出功率的比例关系，由图同样可以发现超级电容具有快速响应能力及负荷投切瞬间波形陡

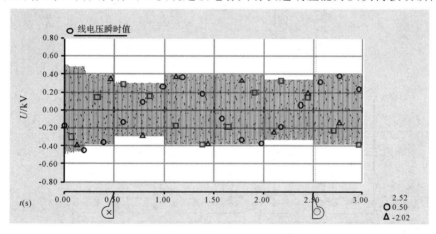

图 3-27　公共点三相电压波形图

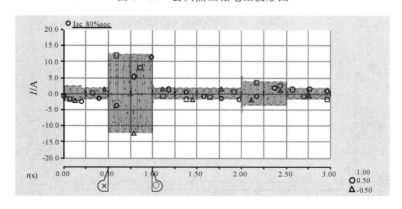

图 3-28　超级电容逆变电流分配波形图

峭等特征，但受荷电状态的限制，各自的出力情况均有减弱现象。图 3-31 为公共点电压有效值及频率变化波形。由图可知，因同样受荷电状态的限制，公共点电压有效值出现了明显的波动特点，但频率几乎不变。

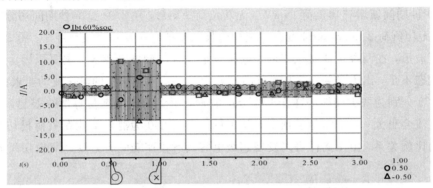

图 3-29　蓄电池逆变电流分配波形图

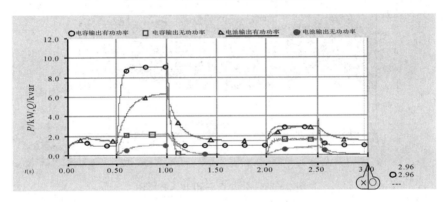

图 3-30　混合储能功率分配图

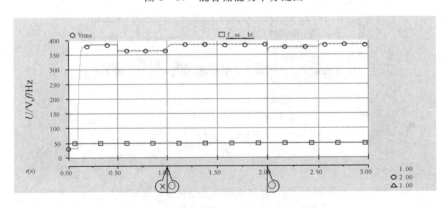

图 3-31　公共点电压有效值与频率图

第4章 独立型微电网优化配置

独立型微电网的优化配置是保障微电网系统可靠、安全、稳定运行的基础，也是微电网开发研究的关键技术内容。优化配置的核心就是将微电网统筹规划，根据当地可再生能源实际情况、负荷类型、容量大小等约束条件，确定最佳的源-荷比例，满足系统正常供电需求。与此相对应，分布式电源的配置也需要考虑当地自然资源（如风速、光照度等）和不同负荷(不可中断负荷以及可中断负荷)的动态需求，确定分布式电源的类型和容量，进而寻求最优的分布式电源组合来满足用户的低成本、高可靠性需求。

独立型微电网一般建在距离大电网较远的偏远地区或者电网很难到达的地方，只能通过风电、光伏以及化石燃料发电构成多能互补的供电模式。在设计方面需要综合考虑供电的连续性、可靠性和扩展性。其典型特征为：独立供电，可再生能源利用比例大，负荷波动频繁，电压及频率不易稳定。为此，借助储能装置的快速充放电实现一定的能量管理和负荷动态功率抑制被认为是最佳方案。另外，为提高系统运行的可靠性，考虑增加系统设计冗余，在一些分布式发电资源较为分散的地区，多个小型微电网可以互连形成一个较大规模的微电网。微电网之间的互连更容易实现能量共享和能效优化，进一步提升供电质量。

近年来，独立型微电网在国内获得了快速发展，特别是在国家自然科学基金项目、863计划项目的支持下已经建立了一大批示范工程，例如我国西北边疆地区和东部沿海岛屿的一些工程。这些工程的实施，在微电网系统的架构设计、能源管理以及综合控制等方面积累了不少经验，也为微电网的系统建设和规模化运营作了有益探索。

微电网的优化配置研究是微电网建设、规划、设计必须考虑的重点问题之一。微电网的优化配置内涵广泛，目前国内尚处于起步阶段，但专家们关注的焦点主要在于多电源容量配比优化、不同类型的复合储能设置、经济型指标以及并离网控制策略等几方面。本章首先介绍微电网的优化控制方法，其次对微电网的优化控制关键技术进行详细阐述，最后提出适于我国发展的微电网优化控制策略。

4.1 系统构成与优化原则

4.1.1 独立型微电网构成与优化配置内容

1. 独立型微电网的构成

独立型微电网根据选址的气象特点，并结合负荷的实际需求，综合评估分布式能源情形，科学合理地进行规划设计。通常情况下，独立型微电网系统分布式电源的构成有以下几类：

（1）针对风能和太阳能较好的西部偏远地区或海上岛屿，可以构建风、光互补供电模式，在柴油获取较容易的地方可以构成风/光/柴/储微电网。

（2）针对天然气输送便利的旅游岛屿，可采用天然气代替柴油发电，尽可能地减少环境污染；同时可以采用热电联产的方式满足冷/热等不同用户需求。

（3）针对云贵、川藏等地水资源丰富的特点，可以构成光/柴/储/水等发电方式，重点发展小水电，充分利用当地资源满足用户的供电需求。

2. 独立型微电网的配置内容

微电网优化配置主要包括网络结构优化、各类分布式发电单元选型与容量设定等。在网架结构与分布式电源种类基本确定的情况下，如何设计分布式电源容量也是其中关键之一。另外，针对微电网内部负荷大小变化，燃料价格波动，外部电网影响，可再生能源的间歇性、季节性以及不可调度性等因素，微电网系统优化配置内容非常复杂。目前实际工作中往往依靠简单估算和工程经验确定电源容量或直接采用生产厂商已固定的组件构成系统，显然这种粗略的设计难以保证系统各部分的经济性与合理性，甚至会出现较高的供电成本和较差的性能表现。

3. 现有独立型微电网的配置分析

分析目前国内外独立型微电网电源优化配置成果可以看出，为解决电源配置的经济性问题，首先应考虑独立型微电网寿命周期内最小初始投资费用、燃料消耗费用、环境保护费用和运行可靠性等经济指标，然而多数独立型微电网示范工程运行表明，仅仅依靠经济指标、供电可靠性指标作为独立型微电网电源配置的优化目标，无法满足系统正常运行的成本低廉和供电的长期可靠。只有在保证独立型微电网稳定运行的基础上，设计并制定相应的能量管理策略，才有可能达到成本低、可靠性高和环保经济等指标要求。

4.1.2　独立型微电网优化配置原则

独立型微电网的经济性和可靠性是其建设和正常运行考虑的首要因素。独立型微电网的建设一般位于偏远或经济欠发达地区，尽管有政府补贴或按比例的经济补偿，但目前的电价仍然高于常规电网电价。为进一步提升微电网的经济性，首先应对电源作重点考虑。例如当地风、光资源较好，可以考虑主要依靠可再生能源发电，但还需要考虑外部资源可能受气候条件的影响，保持供电的长期和稳定不太现实，往往需要增加油气发电机组或储能设备，而柴油机组的增设往往会受到经济性、环保性的影响，同时增大了预期投资成本；另外，大容量储能设备的增加同样会加大系统成本。即使处于可再生能源较丰富地区，也不能过分地依赖外部条件，由于负荷波动或气候环境变化均可导致供电中断，因此考虑配置大量储能设备的情况下，反而会恶化系统的经济性。一般情况下，选择电源时应遵循以下基本原则。

1. 可再生能源的电源要求

主要考虑可再生能源的资源情况，如果处于资源丰富区域，则尽可能多地利用可再生能源，适当配比储能，适当减少柴油发电机或燃气发电机的利用率。

风电机组容量的确定应主要考虑当地的风能情况、负荷情况及分布特性，同时考虑风机类型及控制策略。针对风能资源丰富但风速和负荷均受季节性变化影响的地区，在选择风机容量时，需要考虑系统的经济性和弃风情况；尤其是独立型微电网在选用风机时需优先考虑风速波动对功率输出的影响，一般情况下，选择双馈型风机效果较好。

在选择光伏系统容量时，同样需要考虑当地日照情况及负荷特性。另外，光伏阵列的安装需要大量平面空间，对于一些岛屿或建筑物顶部的制约，安装容量还需要进一步根据现场情况作细致勘察。

储能系统选型应注意考虑技术的成熟性、成本的经济性、使用的寿命期等几个因素。总体而言，目前的储能成本价位偏高，在进行系统配置时可以适当保守，降低容量。具体选择原则还取决于储能在系统中担负的任务和总体控制策略。例如，比较常见的下垂控制策略一般选用储能设备作为系统电压和频率参考，因而对储能设备的性能和容量有特别的要求，这种情况下需要设计的储能容量应适当放大。当系统中存在类似火电机组等易控发电机组(柴油机、燃气机、小水电等)时，储能设备主要用于平滑系统中的功率突变引起的频率或电压波动，此时的储能设备应能够快速补充功率的缺额，使得系统输出功率不低于负荷所需功率，但还需要考虑提供所需功率的持续时间值。由于储能设备容量单位为 kW·h，因而在不同的场合对功率和时间的需求有所不同。若考虑功率输出以及时间响应的侧重点不同，则可配置功率型和能量型混合储能设备，例如超级电容和锂电池等。当微电网中含有冷/热/电联供机组时，为提高系统的整体运行效率，有必要对储电/冷/热等不同方式进行统筹分析并选择最佳方案。

对于柴油发电机，由于其运行效率与输出功率有关，若容量过大，使其长期处于低负载率运行，会降低使用效率，因此需要根据负荷情况选择合适的柴油发电机，必要时可根据实际需求选择多台小容量机组替代单台大容量机组，以保证柴油发电机的运行效率。当微电网中含有柴油发电机或天然气发电机组时，应保证柴油、天然气的供应充足，适当考虑燃料的存储措施。在高海拔地区，由于气压降低，发电设备很难达到额定运行容量，机组会出现降容等问题，同时燃料运输相对困难，应慎重采用柴油和燃气发电。

随着光伏、风电等可再生能源发电成本的逐步降低和油气燃料发电成本的逐步上升，从节能降耗的角度考虑应尽可能多地使用可再生能源。但目前的可再生能源发电成本仍然较高，有可能在设计的运行时间内难以收回成本，因而在进行方案设计时还需要综合考虑。

本章以风/光/混合储能独立型微电网作为研究对象，重点针对运行优化控制策略展开讨论，主要分析储能系统的控制准则，分析不同应用场景的控制策略。

2. 可再生能源发电制约条件

微电网在设计初期考虑的因素较多，如供电的可靠性、连续性，同时考虑要满足全年各种条件下的负荷供电总需求以及个别情况下的冲击性负荷需求，电源和负荷的季节性差异、昼夜差异、独立型微电网供电的特殊需求。单独利用可再生能源发电具有功率输出不稳定，易受气候条件制约的特点。例如风电、光伏在昼夜、季节的交替过程中变化较大，而小水电在丰水期和枯水期具有显著的发电差别。因此在设计时需要对系统运行情况作全面的分析。而对于冷/热/电联供系统，也需要准确地预估冷、热、电负荷变化情况等。

作为主电源的备用发电设备需要连续可靠的一次能源供应，如果出现供应不足情况，也应具备向关键设备供电的能力，还需具备系统故障后的黑启动能力，必要时还得考虑配备冷备用机组。综合考虑独立型微电网一般建在边远的农牧区和沿海岛屿，以照明、取暖等生活负荷为主，可以接受每天短时间的间歇性停电，但如果微电网包含对供电质量敏感的负荷，则应采取相应的措施以提高供电质量和保障供电的连续性。

4.2 独立型微电网的优化方法

微电网内部电源类型多样，有永磁同步发电机、光伏阵列，还有多样化能量存储系统。对于传统发电方式，控制过程相对简单，只要满足燃料供应即可达到预期工况。利用可再生能源发电，其输出功率往往取决于当地自然资源条件，并且随当地气候变化而变化，属于典型的不确定型发电模式。微电网系统具有多源、多负荷的特点，这就决定了系统必然存在多种不同的配置组合与运行方式。因此，在系统设计初期需要综合考虑微电网的整体投资、运行成本等关键问题。

进入设计阶段还需要对系统的配置进行综合评估，权衡若干类子目标，建立相应的多目标优化模型。独立型微电网的优化目标包括经济性、环保性、可靠性指标，通常将总优化目标分解为若干个子目标。其中，反映经济性的子目标可以是最小化投资建设成本、最小化系统网损、最小化折旧成本、最大化综合收益等；反映环保性指标的子目标可以是最大化可再生能源发电量、最小化碳排放量等；反映可靠性指标的子目标可以是最小失电率、最小化年容量短缺量、最大化电压稳定裕度等[110-115]。

4.2.1　源-荷特性分析优化

准确评估随机性电源的出力难度较大，另外，微电网的负荷变化没有规律可循。通常情况下，根据电源-负荷的自身工作特性，采取的优化控制方法有确定性方法和不确定性方法两类[116]。

1. 确定性方法

确定性方法就是把随时间、地点变化的数据进行近似理想化的处理方法，即采取历史数据或统计数据将电源与负荷近似为不变的数据。为使获得的数据准确可信，通常利用当地的气象站或自建的测量工具采集，例如风力大小、太阳能辐射程度以及温度变化等信息。实际的数据库可能会遇到数据缺失或存在偏差现象，也可以通过统计方法或拟合曲线的方式来弥补。

优化控制过程中，确定性方法可以直接应用于可靠性或成本分析。但由于实际的气候和负荷数据都在不断变化之中，借鉴历史资料来推测未来气候数据或负荷数据不可避免地会带来一定的误差，从而引起优化控制结果与实际工程存在偏差，因此还需要根据实际经验与项目的目标进行结果修正。

2. 不确定性方法

应用不确定性方法的思路是将微电网内部所有的微电源和负荷等待求变量作为随机变量，针对一定的时间和地点，利用理论模型来计算分布式电源及负荷数据，例如光照度、温度、风速及负荷等概率密度数据。但是，不确定性方法的应用不能完全保证配置和优化数据的全部正确性，主要原因在于：

（1）不同时间、不同地点的电源和负荷的概率密度不尽相同，并且这些数据的概率密度函数可能与历史数据有很大关系。因此，对于特定区域的数据优化和确定存在一定偏差。

（2）在不确定方法的使用中，可能忽略了各分布式电源之间的耦合关系。例如在计算风电的过程中往往不再考虑温度和辐照度等条件，但实际系统中确实存在风速的大小与光照、温度有一定的非线性耦合关系。因此，应用不确定性方法分析和优化参数过程中往往会增加系统的复杂性。

总之，确定性方法可以直接利用历史数据对微电网的优化配置进行研究，而不确定性方法则需要通过理论模型计算获得配置数据，从而进行微电网的优化配置。两者各有优缺点和不同应用场合。因此，在进行优化配置时，需要根据相关资源进行调研和分析计算，在特定的场景下应选择合适的方法求解，以满足理论研究和实际工程问题分析的需求。

4.2.2　经济效益分析与优化技术

微电网的优化控制是微电网建设初期规划、设计所必须进行的首要工作。微电网优化控制方案合理与否直接影响微电网的安全稳定运行和经济效益的提升。不合理的优化方案只能导致系统运行成本增高和低劣的微电网经济性能。尤其在微电网优化方案考虑之初，需要根据相关资源进行分析和测算。微电网优化控制技术是充分发挥微电网系统优越性的前提和关键。

微电网优化技术需根据用户所在地区的基本条件、气象数据资料、分布式电源的工作特性、负荷功能需求以及系统设计等数据来确定微电网各组成部分的类型和容量。设计的目的在于使微电网内部各电源尽可能地工作在最佳状态，从而达到经济性、环保性和可靠性。

微电网的优化技术内涵丰富，涉及面较宽广，主要包括系统模型的建立、指标评价体系、过程求解等。

4.2.3　建模方法

对微电网的建模研究是微电网优化技术的基础，主要包括电源模型、寿命模型、负荷模型、经济模型及自然资源模型等。

1. 自然资源模型

自然资源模型的建立是发电预测计算的基础。由于在计算风机、光伏等设备发电过程中输出功率的数据来源于当地风速、光照度、温度等基本数据，而实际中往往较难以获得完整的实际数据，因此目前的可行办法是将历史数据作为参考依据，并在此基础上采用工程软件进行数据拟合获得，但这种方法的预测结果存在一定的偏差。

2. 电源与负荷模型

分布式电源的数学模型主要考虑电源的基本特性。由于风电与光伏两类典型的可再生能源发电特性直接与外界环境有关，而优化技术中采用实时在线仿真和现场实测数据相校核来获得分析依据，因此在优化设置中大多是采用分布式电源的准稳态模型进行分析。而负荷的建模主要考虑负荷的不同类别和重要程度两个方面。微电网所涉及的负荷主要有敏感负荷和非敏感负荷。敏感负荷对电能质量要求较高，在微电网建模分析时需特别考虑。

3. 寿命与经济模型

寿命模型是微电网经济和性能评估的重要考量因素之一。目前的做法是根据不同电源进行分类处理，首先评估单个电源的寿命特性，然后综合各自特性进行分析，最后抽象出近似的统一模型。但实际中，更多地评估储能系统的寿命更有意义，例如蓄电池组考虑的因素有损耗特性、物理特性以及荷电状态检测等。经济模型大多考虑设备的初期投资成本、购电价格、售电价格以及设备折旧等内容。

4.3　独立型微电网优化控制策略

独立型微电网一般均含有多种分布式电源和储能系统，其运行模式与控制方法较多，针对不同的运行策略将产生不同的控制结果，因此微电网的优化控制策略是其核心。本章涉及的分布式电源主要有风机、光伏、混合储能等设备，我们研究不同电源的运行控制策略，探讨不同运行情形下各参数对系统工况的影响，建立相应的数学模型，为独立型微电网优化运行及综合配置提供理论参考。

4.3.1　策略分析

针对风电、光伏、混合储能设备构建的微电网系统，风电、光伏的发电过程受制于外部环境的影响，存在一定的随机性和间歇性，难以按照预期设定模式发电。因此这类设备属于典型的不可控型电源。而针对储能系统的运行同样需满足一定的约束条件，另外考虑到蓄电池成本低廉、技术成熟和存储容量大、可控性好等因素，所以将其作为主电源，为微电网的电压和频率给定提供参考。不论确定哪种设备为主电源，均需考虑整个微电网的运行成本、维护费用等经济技术条件。

1. 微电网整周期净现值费用模型

1）净现值费用

整周期的净现值费用（Net Present Cost，NPC）为微电网在运行的整个周期内所产生的费用，可以采用全寿命周期的所有成本和收入的资金现值来描述。其中的成本主要包括初建投资、设备维修维检以及燃料动力成本，收入部分包括售电获益和设备残值。基本描述方法可表述为

$$f_1(X) = \sum_{k=1}^{K} \frac{C(k) - B(k)}{(1+r)^k} \qquad (4-1)$$

式中，K 表示全系统的运行寿命，单位为年；r 为贴现率；$C(k)$ 和 $B(k)$ 分别代表第 k 年的成本和收入，单位为元/年。

$C(k)$ 的计算公式如下：

$$C(k) = C_1(k) + C_R(k) + C_M(k) + C_F(k) \qquad (4-2)$$

式中，$C_1(k)$ 和 $C_R(k)$、$C_M(k)$、$C_F(k)$ 分别代表第 k 年的初建投资和更新、维护维检以及燃料动力费用。它们的计算公式为

$$C_1(k) = C_{1Con} + C_{1Battery} + C_{1PV} + C_{1Wind} + C_{1DG} + C_{1Converter} \qquad (4-3)$$

其中，C_{1Con}、$C_{1Battery}$、C_{1PV}、C_{1Wind}、C_{1DG}、$C_{1Converter}$ 分别代表微电网控制系统、蓄电池、光伏组件、风力发电机、柴油发电机和变流器的初期投资费用。

$$C_R(k) = C_{RBattery}(k) + C_{RPV}(k) + C_{RWind}(k) + C_{RDG}(k) + C_{RConverter}(k) \qquad (4-4)$$

其中，$C_{RBattery}(k)$、$C_{RPV}(k)$、$C_{RWind}(k)$、$C_{RDG}(k)$、$C_{RConverter}(k)$ 分别代表第 k 年的蓄电池、光伏组件、风力发电机、柴油发电机和变流器的更新费用。

$$C_M(k) = C_{MBattery}(k) + C_{MPV}(k) + C_{MWind}(k) + C_{MDG}(k) + C_{MConverter}(k)$$

其中，$C_{MBattery}(k)$、$C_{MPV}(k)$、$C_{MWind}(k)$、$C_{MDG}(k)$、$C_{MConverter}(k)$ 分别代表第 k 年的蓄电池、光伏组件、风力发电机、柴油发电机和变流器的维护费用。

$$C_F(k) = C_{FDG}(k) \qquad (4-5)$$

其中，$C_{FDG}(k)$ 表示第 k 年柴油发电机的燃料动力费用。

$B(k)$ 的计算公式如下：

$$B(k) = B_{Salvage}(k) + B_{Grids}(k) \qquad (4-6)$$

式中，$B_{Salvage}(k)$、$B_{Grids}(k)$ 分别表示设备残值和第 k 年的售电获益。残值产生于经济评估寿命的最后一年，可以等效为"负成本"，其年份取值为零。

2）环境成本

目前，国内的燃料来源主要为化石燃料，发电过程不可避免地会排放一定量的污染物，而污染物的排放与燃料消耗直接相关。因此，减小污染物的排放目标可以通过降低化石燃料消耗来实现。利用化石燃料发电产生的排放物主要为 CO_2，现假定微电网每年排放的 CO_2 量与消耗的化石燃料成比例，并假设排放系数为 $\sigma^{CO_2}(\text{kg/L})$，则将排放量转化为经济费用并引入排放处罚项来计算环境成本的公式为

$$f_2(X) = \sum_{k=1}^{K} \frac{g^{CO_2} \sigma^{CO_2} v^{fuel}(k)}{(1+r)^k} \qquad (4-7)$$

式中，g^{CO_2} 代表排放 CO_2 的处罚收费标准（元/kg）；$v^{fuel}(k)$ 代表微电网第 k 年柴油年消耗量（L）。

3）可再生能源利用率

可再生能源利用率是指可再生能源年发电量与微电网内全部电源年发电量的比值。为提高可再生能源的利用率，可引入全寿命周期内未利用的可再生能源惩罚费用作为经济指标：

$$f_3(X) = \sum_{k=1}^{K} \frac{g_{RR} E_{dump}(k)}{(1+r)^k} \qquad (4-8)$$

式中，g_{RR} 代表未利用的可再生能源处罚收费标准（元/(kW·h)）；$E_{dump}(k)$ 代表第 k 年未利用的年可再生能源能量（kW·h）。

2. 多目标优化模型

为了综合考虑上述三项评价指标，可采用线性加权求和法将多目标优化问题转换为单目标优化问题并进行解决，最终获得的带惩罚项的单目标优化问题如下：

$$\min F = \sum_{i=1}^{3} \lambda_i f_i + C \qquad (4-9)$$

$$\text{s. t.} \sum_{i=1}^{3} \lambda_i = 1, \lambda_i \geqslant 0 \qquad (4-10)$$

$$C = \begin{cases} 0, & g(X) \leqslant 0 \\ 10^{20}, & g(X) > 0 \end{cases} \qquad (4-11)$$

式中，目标函数的权重系数根据微电网假设目标及微电网所处区域内的环境因素综合确定。若认为 f_1 的重要性略高于 f_2，f_2 的重要性略高于 f_3，则有 $\lambda_1 \geqslant \lambda_2 \geqslant \lambda_3$。$C$ 作为一个惩罚系数，用于引入系统可靠性指标约束项，如果不满足约束要求，则目标函数加入此项惩罚系数。

$g(X)$ 用于表示由负载缺电率（LPSP）引入的约束函数，可由下面的式子计算得到。LPSP 定义为未满足供电需求的负荷能量与整个负荷需求能量的比值。LPSP 的取值在 0 到 1 之间，数值越小，供电可靠性越高。

假设在优化过程中负载缺电率应小于等于 1%，则有

$$\text{LPSP} = \frac{E_{CS}}{E_{tot}} \leqslant 0.01 \qquad (4-12)$$

$$g(X) = \text{LPSP} - 0.01 \qquad (4-13)$$

式中，E_{cs}为总的未满足能量；E_{tot}为总的电负荷需求能量。

3. 约束条件

独立型微电网规划设计问题的约束条件主要包括以下几类：

(1) 微电网内部有功功率、无功功率平衡约束；

(2) 设备运行约束：针对不同的用电设备设置不同的运行约束条件，如负荷供电可靠率约束、频率约束、电压电流约束等；

(3) 监管约束：包括可再生能源与常规能源的比例约束、污染物及碳排放量约束等；

(4) 投资约束：主要指总投资、后期设备维护维检等费用约束以及投资回收期约束等；

(5) 可用资源约束：如光伏系统安装面积及容量约束、风电系统安装场地及容量约束、设备安装控件约束等。

4.3.2 注意事项

这里需要特别强调的是，微电网运行的上述约束条件需要在整个规划周期内的各个时刻都能满足，并且上述目标函数中所有的量都是按年统计，因此微电网的优化配置较为复杂。不同的系统配置对应的目标值不同：一个优化的设计方案首先要满足规划期目标函数达到最小的系统配置；其次，考虑初期投资成本和后期维护成本最低的设计理念；最后，保证电能质量和供电可靠性的基本要求。另外在规划问题求解过程中，需要考虑负荷的增长，还需考虑各个时间段内可再生能源与负荷的变化情况。在规划设计阶段中，很难准确获得可再生能源与负荷的估计数据，一般的处理方法是在整个规划周期内，假定可再生能源的资源情况不变，负荷的年特征曲线不变，但年负荷最大值可逐年增长。每年选择若干个典型日，针对选择的典型日进行运行模拟，确定典型日的各项定量指标，然后根据典型日代表的天数，获得全年的量化指标，如燃料消耗量、可再生能源利用量等。实际上，微电网的规划问题与运行问题高度融合，在求解规划问题时，需要首先明确系统运行策略。

4.4 独立型微电网的组网方式

组网方式指的是微电网内各分布式电源在系统运行中所承担的角色。当微电网采用对等控制策略并且负荷发生变化时，所有分布式电源均承担类似的角色，共同分担负荷的变化，这就是典型的分布式电源对等组网方式。当微电网采用主从控制时，需要选择一个用于承担系统内负荷平衡角色的电源作为主电源，选择不同的主电源就构成了不同的主从组网方式，这里的主电源又称为组网电源。考虑到目前实际的微电网主要以主从控制为主，所以有必要重点分析该模式下的系统组网方式和运行控制策略。

依据分布式电源和储能系统的控制特性不同，采用主从控制模式的微电网的组网方式可以有多种选择。典型的组网方式可以分为可控型分布式电源组网、储能系统组网、储能系统与分布式电源交替组网三种。这里典型的可控型分布式电源主要指柴油发电机组、小水电机组、燃气轮机组等。

4.4.1　多能互补式电源组网方案

1. 组网方案概述

多能互补式电源组网方案一般以柴油发电机组、小水电机组等能方便调节的发电机组作为微电网功率平衡主控机组，个别地区也采用燃气轮发电机组网。此时的太阳能、风能等可再生能源发电机作为从电源并入微电网，一般采用 MPPT 方式跟踪最大功率给以控制。系统结构如图 4-1 所示。

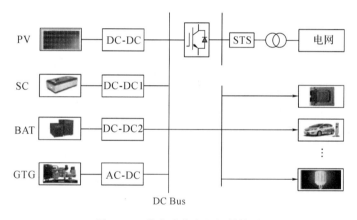

图 4-1　分布式发电组网结构图

主从控制方案在实际工程上应用较多，类似传统大电网控制模式。由于主电源性能稳定，技术成熟，可控性较好，一般采用燃气轮发电机或大容量储能系统充当。而采用同步发电机直接并网模式的可控分布式电源一般由原动机和同步发电机两部分构成。原动机为小型水轮机、柴油发动机、汽轮机等，同时配置有调速系统和励磁控制系统。调速系统控制原动机及同步发电机的转速和有功功率，励磁控制系统控制发电机的电压及无功功率。通过发电机的转速和电压恒定控制，可以对微电网的频率和电压起到支撑作用，即使在微电网内部负荷或其它分布式电源功率发生波动时，也能保证系统的稳定运行。

组网的快速启动电源，必须满足微电网各电源出力与负荷功率需求保持平衡的基本要求。主要表现在：反应快速性和能量供给的充裕性。当其它分布式电源（如光伏、风电）或负荷发生波动时，组网电源能够快速响应，平衡此类波动；当其它分布式电源出力降低时，作为开启电源同样应输出足够的功率满足负荷运行需求。而针对柴油发电机这类分布式电源，因功率坡度率的限制，组网电源有时不能适应光伏等分布式电源输出功率的快速波动。为此需要配置电池储能系统，协助组网电源实现微电网内功率的快速平衡。

2. 经济性分析

柴油发电机是独立型微电网常用的分布式电源，具有启动快、初期投资少、维护成本低等优点。但柴油发电机的燃料比较昂贵、运行成本较高，所以柴油发电机组网的全生命周期成本可能会有小幅提升。目前，我国的东部沿海岛屿的发电成本大约为 2 元/(kW·h)，在高海拔地区，例如青海、西藏等地区高达 4 元/(kW·h) 以上。从长远发展的角度综合衡量，柴油属于一次化石燃料，随着能源的日趋紧缺，价格还会进一步上涨。另外，利用柴油作为燃料还存在环境污染问题。这里要特别强调的是，由于柴油发电机受最小功率输出限制原因，当利用可再生能源发电出力较大而负荷减小时，必须弃光、弃风才能保证柴油发电机工作在允许的功率输出范围，这在一定程度上提高了光伏、风电的发电成本并降低了其发电收益。

小水电也是一类常见的发电机组，初期的建设投资和维护运行成本都是经济的，不存在环境污染问题，属于典型的环保型供电方式。目前在我国的西部地区建立了不少的小型水电站，丰水期发电量能够满足负荷的实际需求，但可能存在连续数月的枯水期现象。如果将小水电与光伏、风电等可再生能源发电系统组成微电网，则可以适当缓解枯水期供电紧张情况。

4.4.2 储能系统组网

1. 组网方案概述

含储能系统的组网一般将储能元件作为主电源，发挥其在微电网中能够稳定电压及频率和综合平衡功率的作用。但考虑储能系统价格昂贵和容量受限等原因，通常的组网规模较小。典型的国内外成功案例有：日本仙台 2006 年建立的微电网和希腊 2009 年建成的基斯诺斯岛微电网工程；我国 2013 年建成的青海省玉树藏族自治州曲麻莱县微电网，采取两类不同类型的储能元件再配备一定的光伏阵列构成微电网，发挥了不同类型储能的优势，采用工业以太网通信方式构成主从控制模式，提高了系统的可靠性与稳定性。

分析储能组网方式的特点不难发现，目前采用电池储能较多，主要利用其快速充放电特性，可控性好，对于特殊的功率平衡需求和功率波动抑制具有较理想的效果，能够保证系统的运行动态稳定性。常见的组网方案有两种情形，如图 4-2 所示。其中，第一种情形采用独立的储能元件作为主电源,以保证公共直流母线电压的恒定,因此在容量方面要求较高;第二种情形采用光伏电池与储能共同作为一种可控型电源维持母线电压恒定,这样可以适当降低储能的容量要求,但可能存在弃光现象,同时对控制系统技术要求相对较高。

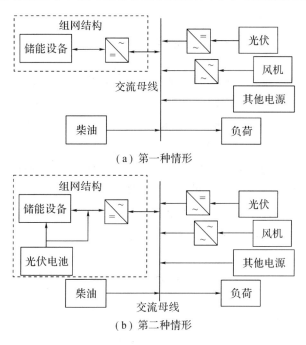

图 4-2　常见的组网方案

储能系统的设置,可以减少柴油发电机容量或者去掉柴油发电机,实现柴油的零消耗,达到了微电网的环保性要求。但是,由于蓄电池存在安全、寿命和成本等问题,国内还处于研究示范阶段,相信随着储能技术的不断发展,未来以电池储能系统组网将会得到更多应用。然而储能系统的充放电均需双向变流器作为核心的能量变换器件,考虑到单台变流器的容量成本限制,常常需要多台储能系统并联运行,共同承担微电网内部频率和电压支撑的角色。

2. 经济性分析

储能系统组网方案起初投资成本较高,但没有燃料费用,运行成本相对较低,维护费用适中。考虑采用储能系统后,其经济性指标的关键决定因素为其使用寿命,通常情况下电池在 3~4 年需更换一次,因此,更换周期和更换成本是微电网经济性分析的一个重要考虑因素。目前常用的储能电池有两类,分别是铅酸蓄电池和锂电池。另外,新型电池还包括钠硫电池和液流电池。其中铅酸蓄电池技术成熟、价格低廉,一般每 3 年需要更换一次,如果对铅酸电池组的充放电深度和频度进行优化控制，则更换周期可以延长到 5 年以上。大容量磷酸铁锂电池也是一种应用较广的新型电池，这种电池一般寿命较长，但目前价格昂贵。钠硫电池、全钒液流电池等也都有各自的优缺点，尚需要在应用中不断完善。总之，这种组网方案的经济性很大程度上取决于储能系统的应用策略。

4.4.3　分布式电源与储能系统混合组网

混合组网方案的目的是充分利用分布式电源与储能的各自优点，在优化运行模式的基础上尽可能利用可再生能源，减少储能配置，以达到提升效率的目的。当微电网中含有光伏、风电、小水电、电池储能系统时，在丰水期，可以采用水电机组进行组网，储能系统可以作为辅助电源，用于平抑光伏、风电的功率波动，尽可能降低对储能系统的不利影响；枯水期可以采用储能系统组网方案，并保持对负荷的持续供电。这种混合组网方式有助于提高微电网的供电可靠性和设备的综合利用率。从经济性方面分析，混合组网的经济性取决于具体应用场景。混合组网方案不需要增加额外的一次设备投资，仅需要在原来设备的基础上增加多样化的控制策略即可实现。

4.5　独立型微电网组网控制策略

独立型微电网组网方式灵活多样，控制策略不拘一格。制定合理可行的运行控制策略是满足分布式电源、储能、负荷高效运行的基础，也是确保微电网内部发电与用电的实时功率平衡要求的基础。控制策略的基本原则是尽可能多地利用可再生能源、减少环境污染、防止储能系统的过充与过放等，实现网内各类电源的优化调度，保证微电网处于最佳的运行状态。基于此，本节介绍由光伏阵列、风力发电、蓄电池、柴油发电和负荷构成的微电网并对其相关控制策略进行说明，如图 4-3 所示。

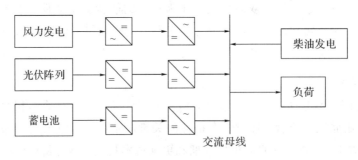

图 4-3　独立型微电网组网结构图

　　在风/光/柴/蓄独立型微电网中，风机和光伏发电功率与外界环境直接相关。风、光的随机性和间歇性特征，导致两类发电方式均无法完全按照预期输出功率，属于典型的不可控电源。与此相对应，柴油发电机和蓄电池储能系统属于可控电源。尽管两者运行时需满足一定的约束条件，但在约束允许范围内可对其输出功率进行管理控制，从而按预期工况稳定工作。因此，对柴油发电机和蓄电池储能系统的管理控制决定了风/光/柴/蓄独立型微电网的运行策略，柴油发电机和蓄电池储能系统不同控制方法的组合构成了风/光/柴/蓄独立型微电网的不同运行策略。

　　在风/光/柴/蓄独立型微电网中，柴油发电机也可以作为主电源长期运行，以提供微电网内电压和频率的参考。当然，蓄电池储能系统同样可以充当主电源。由于蓄电池储能系统供电能力有限，一般情况下，可采用柴油发电机和蓄电池储能系统组合共同作为主电源的运行模式。风/光/柴/蓄独立型微电网的运行策略很多，具体的适应性与当地的可再生能源资源情况有关，也与微电网运行时的关注点有关。微电网的运行策略可以分为启发式策略和优化策略，由于优化策略一般以对风力发电、光伏阵列的准确功率预测为前提，在实际系统运行中常常达不到预期效果。另外，针对柴油发电机和储能系统必须严格遵守各自的运行规律和总则。

　　柴油发电机的控制策略主要由启动准则、关停准则和运行功率准则三个方面构成；而蓄电池储能系统控制策略主要由放电准则、充电准则、放电功率准则和充电功率准则构成。

4.5.1　柴油发电机控制策略

1. 启动准则

　　针对风/光/柴/蓄独立型微电网，柴油发电机的启动主要考虑供电的连续性和微电网的安全稳定性。当蓄电池储能系统荷电状态（SOC）未达到下限值 S_{min}，且风/光/蓄的出力不够，或者蓄电池储能系统 SOC 达到下限值 S_{min}，从而导致风/光/蓄的发电功率不足时，柴油发电机的启动准则如图 4-4 所示。

　　在图 4-4 中，ΔP_{load} 为微电网内净负荷，S_{es} 为蓄电池 SOC 值，S_{min} 为蓄电池 SOC 下限值。当蓄电池 SOC 低于 S_{min} 时，蓄电池将不再进行放电。其中，ΔP_{load} 可表示为

$$\Delta P_{load} = P_{load} - P_{wt} - P_{pv} \tag{4-14}$$

式中，P_{load} 为负荷所需功率；P_{wt} 为风机功率；P_{pv} 为光伏功率。当 ΔP_{load} 为正时表示风光发电功率小于负荷需求；当 ΔP_{load} 为负时表示风光发电功率大于负荷需求。

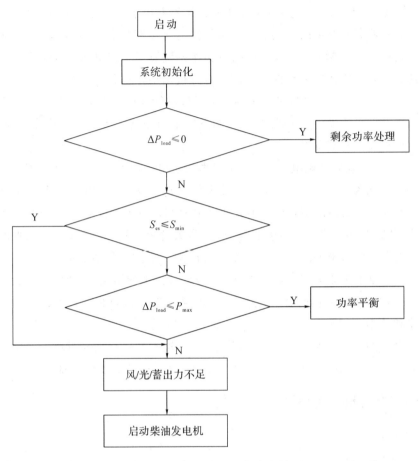

图 4-4　柴油发电机启动准则

2. 关停准则

风/光/柴/蓄独立型微电网可能有不同的运行需求,可根据可再生能源发电功率或蓄电池储能系统 SOC 状态,设置不同的柴油发电机关停准则:

(1) 当风/光发电功率能够满足负荷需求时;

(2) 当风/光/蓄发电功率能够满足负荷需求时;

(3) 当风/光发电功率能够满足负荷需求或蓄电池储能系统 SOC 达到充电限值 S_{stp} 时;

(4) 当蓄电池储能系统 SOC 达到充电限值 S_{stp} 时。

柴油发电机关停准则就是在风/光/柴/蓄或其中的几类分布式电源任意组合情况下能够满足供电连续性、可靠性,其目的为节约能耗和保护环境。典型的关停准则如图 4-5 所示。

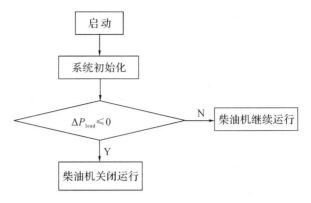

（a）负荷功率不足情形的运行流程

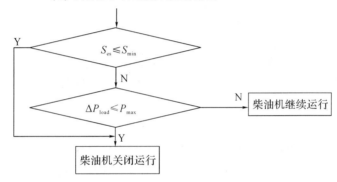

（b）发电功率多余情形的运行流程

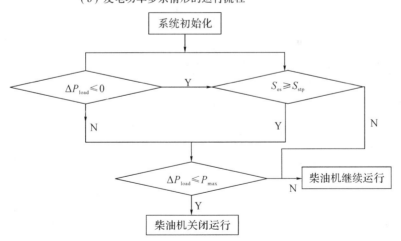

（c）考虑负荷功率不足和充电限值情形的运行流程

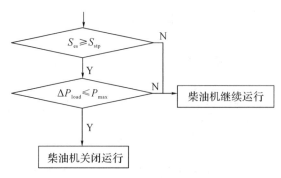

（d）考虑充电限值情形的运行流程

图 4-5　柴油发电机启动运行关停总则流程

3. 运行功率准则

柴油发电机运行功率准则主要由以下三种情况构成：

（1）功率平衡模式。柴油发电机的主要职责为保证微电网内部的负荷满足功率需求。特别地，当实际负荷功率需求低于设置时，由于受柴油发电机最低输出功率约束条件限制，可以选择向蓄电池储能系统充电模式，但须优先考虑利用可再生能源；相反，当柴油发电机输出功率不能满足负荷实际需求时，可借助蓄电池储能系统放电给以补充。

（2）功率最大模式。为满足负荷功率的最大需求，柴油发电机首先应满足当前负荷的用电需求；其次，应保证蓄电池储能系统具有较高的放电能力；再次，以小于蓄电池储能系统的最大允许充电电流作为参考对蓄电池进行浮充充电；最后，当以最大功率输出模式运行时，还需考虑柴油发电机的最大功率输出的约束条件。

（3）功率恒定模式。柴油发电机输出功率基本不变，按照设定功率条件进行发电。如果负荷需求不能满足，可采用蓄电池储能系统给以补充，当有多余发电功率时，可以选择向蓄电池储能系统充电。在此运行模式下，应尽量避免外界负荷的大幅度变化和调整蓄电池储能系统充放电控制策略，此时柴油发电机可以运行于相对稳定的功率状态。

4.5.2　蓄电池储能系统控制策略

1. 放电准则

当柴油发电机和可再生能源发电功率无法满足负荷需求时，蓄电池储能系统根据实际功率需求进行放电以保证功率平衡。当柴油发电机停机时，蓄电池储能系统可作为主电源稳定母线电压和频率。当柴油发电机处于运行状态时，柴油发电机可作为主电源。

2. 充电准则

蓄电池储能系统充电准则：将蓄电池的荷电状态 SOC 上限值与蓄电池预期设定值进行比较，在满足荷电状态条件且同时发电有余量的情况下进行充电，同时设定最大充电电流值。主要分为以下两种情况：

(1) 当风/光或风/光/柴发电功率大于负荷需求时，多余的电能存入蓄电池储能系统；

(2) 当风/光或风/光/柴发电功率大于负荷需求，且多余的电能大于一定限值时，才会存入蓄电池储能系统。设置一定的充电限值主要是考虑合理的弃风弃光会在一定程度上减少蓄电池储能系统充放电状态的频繁转换，这将有利于延长其使用寿命。

3. 放电功率准则

蓄电池放电时，其端电压随放电时间而逐渐下降，需要实时调整 DC - DC 变换器的占空比 D，满足放电功率的约束条件。但需要注意的是：蓄电池放电时，当电压下降至放电终止电压时必须停止放电，否则会因过放电而影响蓄电池的使用寿命。

4. 充电功率准则

由于蓄电池充电时间、速度和程度等都会对蓄电池的电性能、充电效率和使用寿命产生严重影响，因此：① 要考虑对蓄电池的充电要避免过充；② 要在充电过程中进行电流值的干预；③ 要严格监视环境温度变化对充电的影响。

4.6　独立型微电网优化配置综合模型

独立型微电网的优化配置模型主要包括优化变量、优化目标函数和约束条件，可以表示为

$$\min \quad f(x)$$
$$s.t. \quad h_i(x)=0, \ i=1, \cdots, m \tag{4-15}$$
$$g_j(x) \leqslant 0, \ j=1, \cdots, n \tag{4-16}$$
$$x \in D$$

式中，x 为决策变量；$f(x)$ 为目标函数；$h(x)$ 为等式约束；$g(x)$ 为不等式约束；D 为优化变量范围。

4.6.1　优化变量

在微电网优化配置中，优化变量主要包括分布式电源、储能系统类型及数量。鉴于微电网规划设计方案与运行优化策略的强耦合特性，运行策略及其相关参数一并被认为是待决策的变量。优化变量的结构图如图 4 - 6 所示。在涉及选址的问题中，可将分布式电源、储能设备的位置作为优化变量。在建模过程中可以将所有变量统一到一个目标函数下，采

用两阶段的建模方式，即第一阶段确定设备的类型、位置和容量，第二阶段主要确定系统的运行策略及其相关参数。

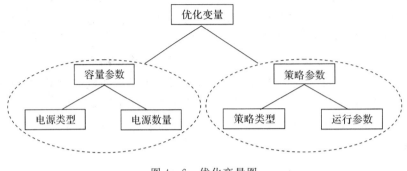

图 4-6 优化变量图

4.6.2 优化目标

优化目标大致可以分为经济性目标、技术性目标和环保性目标，与评价指标相对应。可通过设定不同的目标，寻求相应指标的最优化。在优化配置时，可根据微电网不同的优化需求，选取一个或多个目标，或将三个目标综合起来统一考虑。

由于经济性单目标包含的信息有限，多目标优化已经成为当今的研究趋势。通过多目标优化可以得到不同目标之间的定性、定量关系，可为优化决策提供重要的参考依据。优化目标结构图如图 4-7 所示。

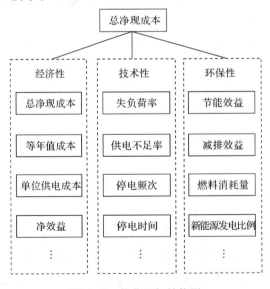

图 4-7 优化目标结构图

4.6.3 约束条件

独立型微电网在优化配置时需要满足一定的约束条件才能使配置的结构符合实际系统要求，因此，在优化配置时，约束条件的选取将会对配置结果有较大影响。为此，下面以目前常见的风/光/柴/储独立型微电网为例，对约束条件进行说明。

1. 系统运行的功率能量基本条件

（1）有功功率平衡约束：

微电网内部的负荷所需有功功率与所有分布式电源提供的有功功率之间的平衡，可以表示为

$$P_{\text{L}} = P_{\text{pv}} + P_{\text{wt}} + P_{\text{de}} + P_{\text{bat}} \tag{4-17}$$

式中，P_{L} 为负荷功率，P_{pv} 为光伏功率，P_{wt} 为风机功率，P_{de} 为柴油发电机功率，P_{bat} 为电池功率。

（2）节点电压、频率的约束：

$$\begin{cases} P_{\min} \leqslant P \leqslant P_{\max} \\ S_{\min} \leqslant S \leqslant S_{\max} \\ f_{\min} \leqslant f \leqslant f_{\max} \end{cases} \tag{4-18}$$

式中，P、S、f 分别为系统有功功率、系统容量和频率。

2. 设备运行约束

（1）风机、光伏输出功率约束：

$$\begin{cases} 0 \leqslant P_{\text{wt}} \leqslant P_{\text{wt-max}} \\ 0 \leqslant P_{\text{pv}} \leqslant P_{\text{pv-max}} \end{cases} \tag{4-19}$$

式中，P_{wt}、P_{pv}、$P_{\text{wt-max}}$、$P_{\text{pv-max}}$ 分别为风机、光伏的实际功率与最大输出功率。

（2）柴油发电机功率约束：

$$P_{\text{de-rate}} \leqslant P_{\text{de}} \leqslant P_{\text{de-max}} \tag{4-20}$$

式中，$P_{\text{de-rate}}$、$P_{\text{de-max}}$ 分别为柴油发电机的低限输出功率和最高输出功率。

（3）蓄电池功率约束：

$$\begin{cases} S_{\min} \leqslant \text{SOC} \leqslant S_{\max} \\ -P_{\text{max-charge}} \leqslant P_{\text{bat}} \leqslant P_{\text{max-discharge}} \end{cases} \tag{4-21}$$

式中，$S_{\min}$、$S_{\max}$ 分别为电池的荷电状态下限与上限值；$P_{\text{max-charge}}$、$P_{\text{max-discharge}}$ 分别为电池的充、放电功率值。

除上述约束条件外，还可根据实际工程需求设定其它约束条件，从而获得较满意的控制效果。此外，针对独立型微电网，在工程约束方面，建议考虑以下内容：

（1）建设成本约束。由于目前在建的微电网成本相对较高，工程主管一般会考虑项目的初期投资，因而在优化配置阶段应重点考虑初期投资成本和维护费用。

（2）生态保护约束。由于独立型微电网一般建在偏远地区或海岛，大部分属于国家级保护区或生态脆弱区，因此在项目实施之前必须充分调研配置柴油发电机或电池储能的可行性。

（3）特殊地区约束。针对一些高海拔或极冷、极热地区的项目，必须考虑设备的发电裕量。比如柴油发电机的燃烧受空气中氧气含量的影响，为此，需综合考虑实际配置地区的特殊性条件限制要求。

第 5 章　并网型微电网的优化配置

　　并网型微电网的运行包含并网和孤岛两种方式，但大部分时间均工作于并网状态。并网型微电网可以看作一个可控、可调单元，主要用于降低高渗透率分布式可再生能源并网的不利影响和提升用户的电能质量。当大电网故障或电能质量不满足要求时，并网型微电网断开并网连接点，转为独立运行，并保证网内重要负荷的供电需求。近年来，随着大规模分布式电源的接入，为适应未来主动式配电网的发展，实现精细、准确的电网运行管理，并网型微电网的投运和管理模式越来越多地受到了人们的关注。本章首先介绍并网型微电网的性能指标，然后深入研究含储能系统的功率控制策略，最后给出可行的优化配置思路。

5.1　并网型微电网评价指标

　　并网型微电网的运行方式可以是并网，也可以是孤岛。并网型微电网在经济性、可靠性、环保性方面与独立型微电网的要求基本相同，其性能指标可以分为三类：第一类指标是微电网的供电模式，对微电网的年发电量、用电量和售电量进行综合统计分析；第二类指标主要体现电网的资产使用情况，由于微电网既可以从大电网购电，又可以利用微电网发电，不同的配置具有不同的资产利用率；第三类指标主要考虑微电网与大电网的友好交互性，既能降低大电网的影响，还能提高系统的运行经济性和可靠性。

5.1.1　第一类指标

　　第一类指标包括自平衡率、自发自用率、冗余率等。这些指标通过定义微电网的年发电量和用电量、年售电量和年购电量之间的关系，揭示微电网的电量使用情况。

1. 自平衡率

　　由于微电网与大电网的互连结构，形成了大电网对微电网的后备和支撑作用，因此微电网可以利用分布式电源自身发电优势提供一定的负荷比例，降低对大电网的依赖程度。自平衡率的定义是：微电网在一定的周期内，依靠自身分布式电源所能满足的负荷需求比例，即

$$R_{\text{self}} = \frac{E_{\text{self}}}{E_{\text{total}}} \times 100\% = \left(1 - \frac{E_{\text{grid-in}}}{E_{\text{total}}}\right) \qquad (5-1)$$

式中，R_{self} 是自平衡率；E_{self} 是微电网满足负荷的用电量；E_{total} 是负荷的总用电量；$E_{\text{grid-in}}$ 是微电网的购电总量。

2. 自发自用率

并网型微电网发电过程的特点是优先使用风力发电和光伏发电等可再生能源，在有余量时可以考虑上网。把一定时间内微电网用于供内部负荷需求的发电量比例称为自发自用率，即

$$R_{\text{suff}} = \frac{E_{\text{self}}}{E_{\text{DG}}} \times 100\% \qquad (5-2)$$

式中，R_{suff} 为自发自用率；E_{self} 为微电网本身的实际发电量；E_{DG} 为分布式电源总发电量。

自发自用率在一定程度上反映了并网型微电网自身发电量对于负荷的满足程度。自发自用率与自平衡率是有区别的：自平衡率主要评价对负荷的供电量与自身发电量的占比情况；而自发自用率主要指微电网发电量用于内部负荷的占比情况。两个概念存在很大的差别，前者反映了微电网内部负荷对微电网的依赖关系，而后者反映了微电网发电的利用程度。

3. 冗余率

并网型微电网通常采用"自发自用和余量上网"的运行原则，在满足内部负荷供电需求的基础上将多余的电量送入电网，向大电网售电。冗余率定义为在一定时间内或某个周期内微电网发电的上网量与发电总量的比例关系，即

$$R_{\text{redu}} = \frac{E_{\text{grid-out}}}{E_{\text{DG}}} \times 100\% \qquad (5-3)$$

式中，R_{redu} 为冗余率；$E_{\text{grid-out}}$ 为向大电网的售电量；E_{DG} 为分布式电源的总发电量。

冗余率在一定程度上反映了微电网与大电网的电量交易行为。冗余率高，证实了微电网的发电能力强，售电量大。另外，冗余率与自发自用率存在一定的联系，在不考虑各种损耗的情况下，自发自用率与冗余率求和为1，两者各自的权重证明了运行方式的基本特征。目前大多数微电网中利用了风力发电和光伏发电，由于两者在发电时具有随机性和间歇性，所以为保证微电网独立运行时内部负荷的供电连续性和可靠性，一般还需要增设储能系统。

5.1.2 第二类指标

第二类指标主要从微电网的设备构成方面提出了联络线利用率、设备利用率等基本概念。

1. 联络线利用率

联络线是连接微电网与大电网的通道，承担着电能与信号的传输任务。当微电网供电不足时可以向大电网购电。相反，当微电网有多余电能时又可通过联络线送电。因此联络线利用率的定义为在一定的周期内，微电网向大电网交换的功率与线路所承担的最大功率的比例关系，即

$$K_{\text{tieline}} = \frac{E_{\text{grid-in}} + E_{\text{grid-out}}}{E_{\text{tieline}}} \times 100\% \tag{5-4}$$

式中，K_{tieline} 为联络线利用率；$E_{\text{grid-in}}$ 为微电网购电电量；$E_{\text{grid-out}}$ 为微电网的售电电量；E_{tieline} 为额定负荷下一年的总输送功率。

高渗透率的微电网接入对大电网的影响较大，并给传统大电网的稳定运行带来新的问题，其中包含了联络线利用问题。并网型微电网自身具备发电功能，导致联络线及其它接入设备都处于低负荷率的运行方式下，传统设备利用率不高。

2. 设备利用率

典型的微电网设备有三类：可控型电源，例如微型燃气轮机、柴油发电机等；不可控型电源，例如光伏发电和风力发电；储能设备，例如蓄电池、超级电容等。其中，可控型电源和储能系统受控制策略影响最大。并网型微电网系统在配置方面容量相对较小，同时利用率也低；而独立型微电网系统的可控型电源的利用率相对较大。一般情况下，并网型微电网的设备往往使用不可控电源，尽可能多地利用可再生能源发电，其利用率通常表示为可再生能源的利用率。

5.1.3 第三类指标

第三类指标包括自平滑率、网络损耗、稳定裕度等。

1. 自平滑率

并网型微电网与大电网的功率交换通过联络线完成，同时也受负荷波动影响。为了充分体现微电网与大电网的友好互动，将自平滑率作为衡量并网型微电网的重要指标，可以表示为

$$k_{\text{line}} = \sqrt{\frac{1}{n-1} \sum_{i=1}^{n} (P_{\text{line},i} - P_{\text{line}})} \tag{5-5}$$

式中，k_{line} 为自平滑率；$P_{\text{line},i}$ 为 i 时刻联络线功率；P_{line} 为评估周期内联络线功率。

针对并网型微电网，较大功率的风/光/储显然有利于提升负荷供电率，但因为存在随机性和间隙性的特点，负荷波动变大甚至剧烈。过大的微电网功率可能导致大电网的运行不稳定，因此，在进行优化配置时，有必要对联络线功率波动情况作深入考量。

2. 网络损耗

并网型微电网中含有多个分布式电源,所以各电源的电流流向不再单一,这将引起网络损耗的额外增加。下面分两种情况分别讨论:

(1) 各节点的负荷用电量大于分布式电源的供电量,因此使潮流有减小的趋势,网络损耗自然会降低;

(2) 至少一个节点的负荷用电量小于分布式电源的供电量,但总负荷大于微电网的供电量,因此虽然部分线路由于潮流反向,可能导致潮流损耗增加,但线路的总体损耗会降低。

3. 稳定裕度

并网型微电网的接入能够有效改善电网的电压分布,因此在分布式电源和储能系统的选址过程中,还需要考虑电压的稳定裕度。稳定裕度的概念反映了电网电压的状态:系统无负荷时电压稳定裕度为零;系统电压崩溃时电压稳定裕度为1。因此,电压稳定裕度越大,说明该节点的电压越容易崩溃,直观地反映了负荷节点在当前运行方式下距电压崩溃点的距离,不需要计算电压崩溃点即可判断稳定性。

5.2 并网型微电网的运行特点

5.2.1 并网型微电网接入的基本要求

并网型微电网的接入类似大电网,在结构设计方面主要考虑一次部分和二次部分。在确定电压等级的基础上设计一次部分的电气参数,包括主回路、变压器配置、容量设计等;二次部分主要包括电气信号的检测、自动装置、保护装置以及通信等。

1. 微电网的电压等级

微电网的电压等级设置首先要考虑当地经济技术条件,其次要考虑与大电网的交换总功率需求。目前常见的微电网接入电压等级为 380 V、690 V 和 10 kV。

2. 微电网的组网方案

微电网的组网方案需要根据微电网的发电规模、负荷类型、当地自然资源情况综合考虑。若存在多个备选方案,则可从电气计算、经济技术条件等方面选出最佳方案。在确定电压等级的基础上研究出线方向、回路,计算导线或电缆截面、变压器容量以及采用的无功补偿方法和电能质量监控体系等。

3. 公共点的设计原则

并网型微电网可以运行在并网和孤岛两种状态,而这两种状态的转换需要有确定的公共点并装设性能卓越的静态开关,以满足监测大电网故障或不正常工作状态以及并网的同期监测要求。

4. 微电网的继电保护

微电网的保护设计可以参考传统的配电网保护方案。由于微电网内部的电源种类各异、容量不同并受环境因素影响,可能导致网内潮流发生不确定的流动现象,因而在保护策略方面比传统保护方法稍显复杂,但实际中还是首选电流保护、方向保护等典型方法。

5.2.2 微电网的接入方式

微电网接入大电网的方式有很多种,图 5-1 给出了两种典型的接入方式,其主要区别在于接入的电压等级不同。

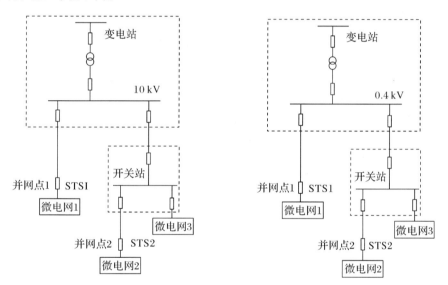

图 5-1 微电网典型接入方式

5.3 并网型微电网的运行控制策略

5.3.1 母线功率控制

微电网中光伏、风机等出力变化以及大容量负荷的投切,均可导致电网功率波动,甚至引发母线电压偏离额定值或引起电能质量问题。通过母线电压控制方法,可以在很大程度上抑制由于可再生能源发电带来的功率波动现象。母线电压控制采用微电网内部功率调节方式，使母线传输功率满足一定的运行目标和调度计划，获取母线功率补偿，提升微电网并网性能。

目前，并网型微电网母线功率控制方法有两类：第一，基于专家系统的控制策略，在实时计算功率补偿量的基础上，主要采用储能装置进行调节；第二，根据预期的调度计划核算功率补偿量，然后调节储能装置的功率输出。

5.3.2 专家系统

专家系统实质上借助的是控制原理当中的闭环反馈策略，即将母线交换的功率与预期设定的功率进行比较，利用储能充放电手段进行功率补偿以达到减小功率波动或削峰填谷的效果。专家系统包括最大功率运行控制策略、功率平滑控制策略、系统自平衡控制策略、限功率运行策略以及储能充电控制策略等。

1. 最大功率运行控制策略

最大功率运行控制策略主要针对可再生能源发电的光伏和风机系统。微电网并网时应尽可能地多利用自然资源。特别地，针对一些容量较小的可再生能源发电系统(这些设备发电容量较小，不会对大电网造成不良影响)，建议按照最大功率运行控制，当电量不足时，还可以向电网购电。因此储能系统基本上保持不动作，也就是说储能系统的功率补偿为零，即

$$\Delta P_{\mathrm{obj},\,t} = 0 \qquad\qquad (5-6)$$

式中，$\Delta P_{\mathrm{obj},\,t}$ 为 t 时刻的母线功率偏差。

2. 功率平滑控制策略

功率平滑控制策略主要解决可再生能源出力小和负荷波动大这一特殊情形。当夜间的风电功率小，负荷也不大时，风力发电的功率波动对配电网的影响较大，所以采用储能系统来满足净负荷的功率需求，母线的功率控制目标为零，因此储能系统的功率补偿目标为净负荷的总量，即

$$\Delta P_{\mathrm{obj},\,t} = P_{\mathrm{nl},\,t} \qquad\qquad (5-7)$$

式中，$P_{\mathrm{nl},\,t}$ 为 t 时刻微电网的净负荷。

此外，根据微电网内部的发电情况，可以设置母线功率的控制目标 $P_{\mathrm{ctl},\,t}$，储能装置的功率补偿目标也应该作进一步修改，表示为

$$\Delta P_{\mathrm{obj},\,t} = P_{\mathrm{nl},\,t} - P_{\mathrm{ctl},\,t} \qquad\qquad (5-8)$$

式中，$P_{\mathrm{ctl},\,t}$ 为母线功率设定值。若 $P_{\mathrm{ctl},\,t} < 0$，则表示微电网以恒定功率售电；若 $P_{\mathrm{ctl},\,t} > 0$，则表示微电网以恒定功率购电。

3. 系统自平衡控制策略

自平衡控制策略主要应用于可再生能源发电有余量并存在负荷功率波动大的情况。

可再生能源发电采用"自发自用、余量上网"的原则，当系统功率不足（$P_{\text{ctl},t} > 0$）时，储能系统满足净负荷需求；当过剩功率超过限制值（$P_{\text{nl},t} < P_{\text{set}}$）时，储能系统吸收多余功率；当过剩功率处于 $[P_{\text{set}}, 0]$ 时，储能系统停止工作，多余电量上网。储能系统功率补偿的目标为

$$\begin{cases} \Delta P_{\text{obj},t}, & P_{\text{nl},t} > 0 \\ 0, & P_{\text{set}} \leqslant P_{\text{nl},t} \leqslant 0 \\ P_{\text{nl},t} - P_{\text{set}}, & P_{\text{nl},t} < P_{\text{set}} \end{cases} \tag{5-9}$$

式中，P_{set} 为母线功率的自平衡限制值。

4. 限功率运行策略

限功率运行策略主要针对微电网发电有过剩功率的情况。若可再生能源发电有多余功率或在较短时间内不能满足负荷需求，为了减少储能系统的频繁充电、放电转换（一般情况下不考虑储能系统放电情况），特别设置了一个限制值，只有当系统功率超过这个限制值 P_{min} 时，储能系统才吸收过剩功率。储能系统的功率补偿目标为

$$\Delta P_{\text{obj},t} = \begin{cases} 0, & P_{\text{nl},t} \geqslant P_{\text{min}} \\ P_{\text{nl},t} - P_{\text{min}}, & P_{\text{nl},t} < P_{\text{min}} \end{cases} \tag{5-10}$$

式中，P_{min} 是母线功率反向送电限制值。

由于可再生能源发电功率过剩，所以相对于系统自平衡控制策略，限功率运行减少了储能系统的放电过程。但系统显然不能长期处于限功率运行，只能用于某些特殊时段，如中午的光伏发电高峰时段等。

5. 储能充电控制策略

这里以蓄电池充电为例进行说明。为保证充电的高效性和经济性，蓄电池的控制策略主要包括充电方法选取、充电策略的自动转换、荷电状态的判别以及停止充电等几个环节。目前蓄电池充电的常见方法主要有恒流充电、限压充电、浮充充电以及智能充电等。恒流充电是以恒定的电流为蓄电池充电，充电过程往往通过调节充电电压来维持电流的恒定，特别适合于小电流且长时间的充电方式。限压充电是以恒定的电压对蓄电池进行充电的方法。由于蓄电池在初始充电过程中电势较低，因而充电电流较大，缩短了充电时间，随着电势的升高，充电电流逐渐减小，大大减缓了蓄电池的过充现象。与恒流充电相比，限压充电更加接近于最佳充电曲线。浮充充电是蓄电池在接近充满时仍以恒定的浮充电压和较小的浮充电流进行充电的方式，是蓄电池自放电的一种平衡充电策略。智能充电在整个充电过程中，始终考虑蓄电池的可接受充电需求，结合多阶段充电方法，保证蓄电池使用的经济性，不仅能缩短充电时间，而且减小了充电后期的气体析出现象，降低了对蓄电池极板的电流冲击。

5.4　微电网的综合运行控制

5.4.1　微电网的运行管理

根据微电网接入要求，按照并网型微电网与大电网的交换功率特征可以将控制方式分为以下几类：功率不控制方式、恒定交换功率控制方式、可控交换功率控制方式和经济运行方式等。

1. 功率不控制方式

微电网与大电网的功率交换没有规定，当有多余电能时首先考虑给储能系统存储能量，然后再上网；相反，当网内负荷所需功率不足时，可以向大电网购电。并网点功率将随微电网内部负荷及电源出力情况出现随机波动现象。这种运行方式对电网的影响相对较大，但对微电网来说是最经济的运行方式之一。

2. 恒定交换功率控制方式

此方式是指微电网与大电网并网接入点的交换功率恒定或在一定的时间内恒定。微电网对大电网而言属于一个功率恒定的电源或负荷。零功率交换方式是恒定功率交换的一个特例。当微电网内部分布式电源的总出力与负荷功率需求一致时，大电网与微电网的交换功率为零，此时的大电网可以认为是微电网的一个后备。

3. 可控交换功率控制方式

微电网根据大电网的调度指令，通过内部运行协调机理，控制大电网与微电网的交换功率，此时的微电网也可看做是一个可调的负荷或电源。

4. 经济运行方式

微电网根据预期的经济优化目标和燃料的耗量特性，采用合理的控制算法，实现微电网的最优经济运行。

当微电网工作于功率不控制方式时，各分布式电源采取直接接入的方案可能会对大电网的运行带来复杂影响。而其余几类运行方式能够很好地解决分布式电源并网的电流冲击，从技术角度分析是完全可行的。另外考虑优化控制策略时，在软、硬件方面稍显复杂，对控制器的设计和储能的容量要求较高。

一般情况下，选择微电网运行控制策略时，需根据实际情况，因地制宜地发挥当地资源优势并综合考虑以下几项关键技术问题：

（1）并网运行的微电网对大电网而言可以看作可控电源或负荷，电力系统接入时要参考传统电网的标准规范和微电网的具体实施细则。

（2）独立运行的微电网要实时监控各电源的功率输出情况并维持网内功率平衡，保证电压与频率稳定。特别地，在一些紧急情况下可以采取快速切除负荷或限制电源出力的措施。

（3）微电网处于独立运行状态时必须保证重要负荷的供电连续性，并满足电能质量指标。并网型微电网的运行具有一定的特殊性，可以工作于并网状态，也可以工作于离网状态。尤其处于离网状态的微电网，电能质量问题较为突出；而当两种状态转换时，更容易引起电压和频率的大幅波动。

（4）微电网内部电源分为不可控与可控两类，因此在控制策略方面也存在不同的技术要求。另外，针对不同分布式电源的电网适应性，需要根据微电网内分布式电源特性和负荷特性综合考虑电能质量控制问题。

5.4.2　微电网模式切换

并网型微电网切换到孤岛模式的原因分析：

（1）考虑电网运行的可靠性。外界环境原因导致微电网发生预防性孤网运行情况；配电网或联络线预报过负荷引发的预防性孤网运行情况；最常见的大电网故障引发的孤网运行情况。

（2）电能质量原因诱发。大电网发生故障，电能质量变差，微电网主动切换至孤网状态。

（3）经济性原因。需求侧管理或电力市场的可中断负荷响应。

5.5　微电网相关技术标准

目前国际标准组织正在大力推进微电网和分布式发电技术标准化工作，颁布或正在制定相关的标准[117-124]。如 IEC 推荐了适合农村电气化的小型可再生能源发电设备选择与微电网技术[125-126]、风机并网电能质量特性测量和评估等标准；IEEE 制定了分布式电源、微电网与电力系统互联的 IEEE 1547 系列标准[127-130]。在这些标准中，IEEE 1547 得到最广泛的认可度。

1995 年，IEEE 颁布了含分布式电源的标准《工商业中应急备用电源规程》(IEEE 446 - 1995)[131]，提出应急备用分布式电源无需并网运行。该规程提出了这类电源的工程选用准则，论述了设备的类型、应用、选择、设计、安装、操作、保护和维护。2003 年 IEEE 颁布了《分布式电源并网标准》(IEEE 1547 - 2003)[132]，此标准实际上是分布式电源和微电网一系列互连标准中的第一项标准。从此，IEEE 陆续制定并颁布了分布式电源、微电网并网的一系列标准及草案，如图 5 - 2 所示。

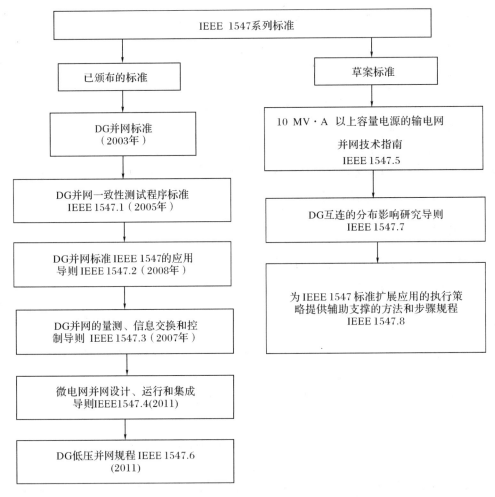

图 5 - 2 IEEE 1547 系列标准

　　IEEE 1547 中的 IEEE 1547.5、IEEE 1547.7 和 IEEE 1547.8 处于标准草案制定过程中，尚未颁布。IEEE 1547.5 为 10 MV·A 以上容量电源的微电网并网提供相关的技术要求，包括设计、施工、验收测试和维护等方面的规定。IEEE 1547.7 介绍了分布式电源或微电网并网对地方配电网的影响。IEEE 1547.8 提出了相关方法和步骤，以扩展 IEEE 1547 在创新设计中的可用性和独创性，为分布式电源或微电网并网设计和进一步的实施方案提供更好的基础支撑和经验。

5.5.1 IEEE 1547 - 2003 标准

IEEE 1547 - 2003 标准规定了容量为 10 MV·A 以下 DR 并网的通用技术基本要求，涉及有关 DR 并网的过压或欠压、过频或欠频、电能质量、测试的规格和要求等主要内容。该标准没有涉及 DR 本身的保护和 DR 所有的操作要求，不解决地方配电网的规划、设计、操作和维护问题，不适用于 DR 和地方配电网的电源瞬时自动切换方案。

1. DR 并网时部分技术要求

DR 并网后，不应使用 DR 主动调整公共连接点的电压，配电网运行电压偏差应满足相关规定。DR 的中性点接地方式不应导致电网电气设备的过电压，也不应影响地方配电网接地保护的配置。DR 同期合闸、接入点不是配电网时，对接入点的电压波动影响应小于 ±5%，而且要符合本标准对电压闪变的要求。DR 并网后，不应影响原有继电保护的配置整定结果。DR 提供的正常电流和短路电流，不能超过配电网设备的正常允许载流量和故障切断容量。地方配电网至少有 50% 以上负荷投入运行后，才允许 DR 并网。DR 不应给失电状态下的配电网供电。如果地方配电网的运行方式有需求，DR 必须在并网点设置易于操作、可闭锁、具有明显断开点的并网隔离装置。DR 应具有抗电磁干扰的能力，电磁干扰不应引起并网的状态改变或者误动作。

2. 对地方配电网异常状态的响应

当地方配电网发生故障时，DR 应停止向其供电。在地方配电网线路重合闸之前，DR 应停止向其供电。在配电网排除故障后，只有配电网的电压偏差符合规定，频率在 59.3～60.5 Hz 范围内，DR 才能重新并网。DR 并网装置应包含一个可调节整定值的时间继电器，以用作 DR 重新并网。当检测到的电压或频率异常时，DR 应及时停运。

3. 电能质量要求

DR 注入的直流电流不应大于 DR 接入点总额定输出电流的 0.5%。DR 不应在地方配电网的其它用户中引起有害闪变；否则，应配置失步保护。在地方配电网没有 DR 接入时，可能有谐波电压畸变，导致谐波电流产生，DR 并网后的注入谐波电流不应大于该谐波电流。

5.5.2 孤岛模式规范

对于有 DR 通过公共连接点向地方配电网的部分用户供电的非计划性孤岛，DR 应能够监测到这类孤岛状态，并在这类孤岛形成的 2 s 内停止向地方配电网供电。

5.5.3 并网测试规范和要求

并网测试作为专门针对并网技术的可用性检测，应选用代表性样本在制造厂、检测实验室或设备安装现场进行，对异常电压和频率下的响应、同步、并网整体性、非计划性孤岛、直流注入限制、谐波等项目进行测试。此外，并网测试还包括生产测试、并网安装评估、交接测试、定期并网测试。

5.5.4 IEEE 1547 标准的基本内涵

1. IEEE 1547.1 – 2005 标准

IEEE 1547.1 – 2005 标准规定了 DR 并网设备的一致性测试步骤[18]，介绍了 IEEE 1547 – 2003 中每项测试的检测步骤，以确定 DR 能否接入配电网，并在附录中对一些测试信号进行了描述和定义。该标准不包括安全测试，没有定义认证过程，但这些测试可作为认证过程的一部分。该标准的测试项目有：

（1）类型测试，又称为设计测试。该测试包括温度稳定性测试、响应异常电压测试、响应异常频率测试、同步控制功能测试、并网整体性测试、逆变器直接并网的直流注入限制测试、非计划性孤岛测试、倒送功率测试、断相测试、异常状态退出运行后的重新并网测试等。

（2）生产测试。该测试包括响应异常电压的测试、响应异常频率的测试和同步测试。

（3）交接测试。该测试应在并网设备安装后、准备交付使用时进行，除核对和检查一些装置、整定值外，还应现场进行非计划性孤岛性能测试、停运性能测试，并对整定值进行必要的修正。

（4）定期并网测试。该测试验证所有与并网相关的保护性能和相关电池运行正常的测试。

2. IEEE 1547.2 – 2008 标准

IEEE 1547.2 – 2008 标准是 IEEE 1547 标准的应用导则和编制说明，着重介绍了 IEEE 1547 标准的技术背景、应用细节和 DR 并网技术要求的依据，并通过技术说明、原理图和并网实例强化对 IEEE 1547 标准的理解。主要内容包括：并网环节、DR、地方配电网和用户内部电网的简要说明，电能质量和孤岛的技术要求应用指南，类型测试、生产测试、并网安装评估、交接测试和定期并网测试的技术要求和应用指南。

3. IEEE 1547.3 – 2007 标准

IEEE 1547.3 – 2007 标准是 DR 并网的量测、信息交换和控制导则，旨在促进 DR 的交互操作性，着重介绍了 DR 控制器通过信息交换接口与 DR 项目相关部门之间的信息交换、量测和控制，描述了相应的功能、参数和规约等。

4. IEEE 1547.6－2011 标准

IEEE 1547.6 标准是 DR 低压并网规程，该标准建立在 IEEE 1547 基础上，为 DR 与电力系统配电次级网络互连提供技术指导，主要内容包括：低压配电网的设计、组成和运行概述，DR 低压并网的准则、要求、设计、维护和运行策略。

目前国内已经颁布了分布式电源接入电网的行业技术规定，但微电网标准尚没有颁布，对微电网标准的研究还处于起步阶段，分布式电源并网标准也有待进一步完善。

第6章 双制动与方向检测的纵差保护

6.1 微电网故障及保护概述

微电网中发电设备不仅含有多种类型的分布式电源，同时还包括有特性各异的储能设备。大量分布式电源的接入，改变了传统配电系统的运行方式和故障特征，也使故障后电气量的变化出现了一些新的特点。并网运行时，供电潮流实现了双向流动，改变了常规配电网单相潮流的特点；同时微电网使用了大量含电力电子设备的"柔性"接口技术，也使分布式电源与常规的机械旋转电机接入方法存在很大的不同。孤岛运行时，微电网几乎无惯性，当发生内部故障的瞬间，分布式电源输出电流将受电源性质、控制策略以及电力电子逆变器限流等多方面因素影响，致使故障电流不会很大，这给保护的快速动作与阈值整定造成一定困难[133-135]。另外，微电网处于并网向孤岛的暂态切换时，可能出现由于功率不匹配导致的电压及频率急剧变化现象，也对保护的可靠动作构成较大威胁[136]。因而传统的故障检测与保护方法受到了一定的挑战，微电网接入配电系统带来的这些变化使保护的故障信息检测与动作逻辑均变得异常复杂。先进的保护控制技术是微电网及配电系统安全稳定运行的基础。目前传统的电力系统配网保护策略与自动装置的控制方案不能很好地适应多分布式电源和微电网保护的需要，所以微电网保护技术是有关微电网研究的核心内容之一。本章将针对多微电源配电系统的应用特点和要求，研究基于双制动特性与功率方向检测的纵联差动（简称纵差）保护方法，以解决现有保护控制系统存在的问题。资料表明，关于分布式电源大规模接入对传统保护的影响以及微电网典型故障的保护策略正得到了国内外相当多学者的广泛关注[137]。

文献[138]分析了含分布式电源的配网线路故障电流特性，提出了基于正序故障分量的方向元件进行故障判断，并采用 PSCAD/EMTDC 软件搭建了数学模型，给出了仿真结论。文献[139]提出了利用微电网多点电气信息，构建全网数据共享的复式综合保护方案，介绍了各保护模块的功能和配置，以及主保护、后备保护的协调方案。文献[140]详细分析了采用 PQ 控制的微电网故障电流频率偏离的原因，说明了由此可能导致故障馈线母线侧的过电流保护失效机理和采用纵联保护的特点。文献[141]提出了基于通信系统数据共享的微电网故障电流方向判别方案并给出了仿真结论。文献[142]提出了基于通信方式的低电压、过电流保护方案。文献[143]提出了微电网区分线路重要程度的差动保护方案。文献[144]提出了基于通信系统的自适应保护方法，可以根据微电网的运行状态，自适应修改保护定值。该保护方案可以有效避免微电网运行状态切换对保护的影响，但保护系统成本较高，大量模拟信号的比较对同步性要求极高，一旦通信故障发生，则很难满足动作的可靠性要求。

6.1.1　分布式电源接入的保护特点

分布式电源的接入对保护的影响是多方面的，主要表现在能够改变附近节点的短路容量，影响线路保护的灵敏度，甚至会出现保护的误动或拒动现象。下面采用图 6-1 的结构进行分析说明。大电网经隔离变压器及静态开关连接于母线 A 上，$QF_i(i=1\sim6)$ 为断路器，$R_i(i=1\sim6)$ 为线路等值电阻，$i_i(i=1\sim6)$ 为故障电流，$F_i(i=1\sim3)$ 表示故障位置。

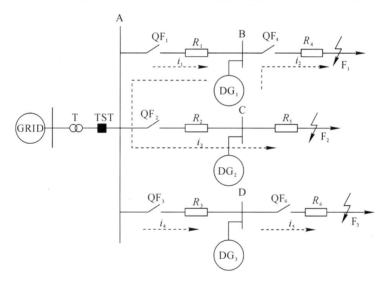

图 6-1　分布式电源接入对保护的影响

（1）分布式电源的接入，降低了对线路保护的灵敏性。

假设故障点 F_1 位于分布式电源 DG_1 的下游，在 DG_1 容量一定的情况下，流经 QF_4 的电流增大，有利于该保护动作。但分布式电源的分流作用，致使远后备 QF_1 测到的故障电流小于相同位置故障时无分布式电源接入的电流，降低了 QF_1 的动作灵敏性，不利于后备保护动作，甚至有可能造成保护的拒动现象。

（2）分布式电源的接入，造成了不必要的保护误动现象。

假设故障点 F_2 位于电源 DG_2 的下游，此时 DG_2 将向故障点提供正向短路电流，而DG_1 则经 QF_1 向故障点提供反向电流。若该电流足够大，可能会造成保护 QF_1 误动作，使分布式电源所在线路无故障动作。显然，DG_1 与 F_2 的距离越近，则反向电流越大。

（3）分布式电源的接入，对自动重合闸也有影响。

为使电力系统的瞬时性故障能够快速恢复，保护装置往往设有自动重合闸。但当分布式电源接入后，线路两侧将连接有独立的工作电源，例如 QF_2 两侧均有电源。这就要求在自动重合闸动作前确保分布式电源停止工作，否则自动重合闸时可能由于电源间的不同步而再次动作跳闸。

（4）分布式电源的接入，对保护范围也有影响。

假设故障 F_3 发生在 DG_3 的下游，若分布式电源容量不变，对于同一点故障，则流经下游侧保护处的电流增大，而上游侧保护处的电流减小。例如 D 母线左右两侧的电流 i_4 将减小，i_5 将增大，也就是 DF_6 的保护范围增大，而 QF_3 的保护范围减小。

6.1.2 短路故障电流计算原理

电力系统的故障类型多以单相接地为主，占全部故障的 80% 以上。对于中性点直接接地系统，单相故障时，要求保护迅速动作；对于中性点不接地系统或经消弧线圈接地的系统，故障后可以短时带电继续运行，但要求尽快寻找接地点并进行隔离。两相接地短路故障概率一般不超过 10%。两相及三相短路故障相对较少，概率一般不超过 5%，但这种故障比较严重，故障后均要求快速切除[145]。

对称分量法是分析故障电流的常用方法。其基本原理如下。一组不平衡电流和电压均可以分解为三组三相平衡电流和电压的叠加，分别称为正序、负序和零序分量[146]。对称分量与不对称分量的关系可表示为

$$
\begin{bmatrix} \dot{F}_a \\ \dot{F}_b \\ \dot{F}_c \end{bmatrix} = \begin{bmatrix} 1 & 1 & 1 \\ \alpha^2 & \alpha & 1 \\ \alpha & \alpha^2 & 1 \end{bmatrix} \begin{bmatrix} \dot{F}_{a(1)} \\ \dot{F}_{a(2)} \\ \dot{F}_{a(0)} \end{bmatrix} \text{ 或 } \begin{bmatrix} \dot{F}_{a(1)} \\ \dot{F}_{a(2)} \\ \dot{F}_{a(0)} \end{bmatrix} = \frac{1}{3} \begin{bmatrix} 1 & \alpha & \alpha^2 \\ 1 & \alpha^2 & \alpha \\ 1 & 1 & 1 \end{bmatrix} \begin{bmatrix} \dot{F}_a \\ \dot{F}_b \\ \dot{F}_c \end{bmatrix} \tag{6-1}
$$

式中，下标 a、b、c 为电参数的各相，下标 1、2、0 为正序、负序和零序分量，矩阵中的 α 表示旋转因子，$\alpha = e^{j120°}$。

1. 三相短路故障（$k^{(3)}$）

由于三相短路属于对称短路，分析时可以取其中一相进行。图 6-2 表示了 k 点发生金属性三相短路的情况，E 为电源电动势，边界条件为

$$
\dot{U}_{ka} = \dot{U}_{kb} = \dot{U}_{kc} = 0 \tag{6-2}
$$

显然，$\dot{I}_{ka2} = \dot{I}_{ka0} = 0$，即三相对称短路没有负序和零序分量。故障点的正序电流即为三

相短路电流：

$$\dot{I}_{ka} = \dot{I}_{k1} = \frac{\dot{E}}{Z_1} \qquad (6-3)$$

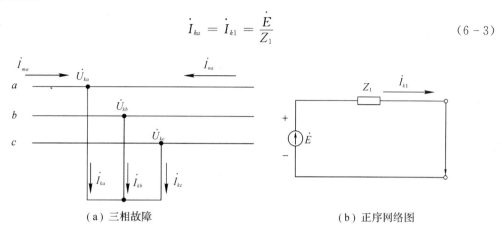

（a）三相故障　　　　　　　　　　　（b）正序网络图

图 6-2　三相短路故障原理图

2. 单相接地故障($k^{(1)}$)

假设 a 相接地，则边界条件为

$$\begin{cases} \dot{U}_{ka} = 0 \\ \dot{I}_{kb} = 0 \\ \dot{I}_{kc} = 0 \end{cases} \qquad (6-4)$$

采用对称分量法，将式(6-4)用相序分量表示时可得到

$$\begin{cases} \dot{U}_{k1} + \dot{U}_{k2} + \dot{U}_{k0} = 0 \\ \dot{I}_{k1} = \dot{I}_{k2} = \dot{I}_{k0} \end{cases} \qquad (6-5)$$

所以单相接地故障的原理图与复合序网络如图 6-3 所示。

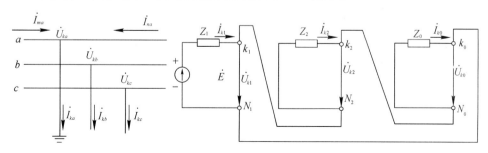

图 6-3　单相接地故障原理图与复合序网络图

由复合序网络图可知,故障处的三序电流表示为

$$\dot{I}_{k1} = \dot{I}_{k2} = \dot{I}_{k0} = \frac{\dot{E}}{Z_1 + Z_2 + Z_0} \tag{6-6}$$

故障相的短路电流表示为

$$\dot{I}_k = 3\dot{I}_{k1} \tag{6-7}$$

则故障处的三相电压表示为

$$\begin{cases} \dot{U}_{ka} = \dot{U}_{k1} + \dot{U}_{k2} + \dot{U}_{k0} = 0 \\ \dot{U}_{kb} = \alpha^2 \dot{U}_{k1} + \alpha \dot{U}_{k2} + \dot{U}_{k0} = 0 \\ \dot{U}_{kc} = \alpha \dot{U}_{k1} + \alpha^2 \dot{U}_{k2} + \dot{U}_{k0} = 0 \end{cases} \tag{6-8}$$

若忽略电阻,则

$$\begin{aligned} \dot{U}_{kb} &= \alpha^2 (\dot{E}_a - \dot{I}_{k1} \mathrm{j} x_1) + \alpha (-\dot{I}_{k2} \mathrm{j} x_2) - \dot{I}_{k0} \mathrm{j} x_0 \\ &= \dot{E}_b - \dot{I}_{k1} \mathrm{j} (x_0 - x_1) \\ &= \dot{E}_b - \frac{\dot{E}_b}{\mathrm{j}(2x_1 + x_0)} \\ &= \dot{E}_b - \dot{E}_a \frac{k_0 - 1}{2 + k_0} \end{aligned} \tag{6-9}$$

同理有

$$\dot{U}_{kc} = \dot{E}_c - \dot{E}_a \frac{k_0 - 1}{2 + k_0} \tag{6-10}$$

式中:$k_0 = x_0 / x_1$。

当 $k_0 < 1$ 时,非故障相电压较正常时有所降低。若 $k_0 = 0$,则

$$\dot{U}_{kb} = \dot{E}_b + \frac{1}{2}\dot{E}_a = \frac{\sqrt{3}}{2}\dot{E}_b \angle 30°$$

$$\dot{U}_{kc} = \dot{E}_c \frac{\sqrt{3}}{2} \dot{E}_c \angle -30°$$

当 $k_0 = 1$ 时,$\dot{U}_{kb} = \dot{E}_b$,$\dot{U}_{kc} = \dot{E}_c$,故障后非故障相电压不变。

当 $k_0 > 1$ 时,故障后非故障相电压较正常时升高,最严重的情况为 $x_0 = \infty$,则 $\dot{U}_{kb} = \dot{E}_b - \dot{E}_a = \sqrt{3}\dot{E}_b \angle -30°$,$\dot{U}_{kc} = \dot{E}_c - \dot{E}_a = \sqrt{3}\dot{E}_c \angle 30°$,即中性点不接地系统发生单相接地故障,中性点电位升高为相电压,而非故障相电压升高至线电压。图 6-4 给出了 a 相接地时,故障点各序电流、序电压以及合成相量,并假设 $x_0 > x_1$,其它相量均以 $\dot{E}_a$ 为参考相量。

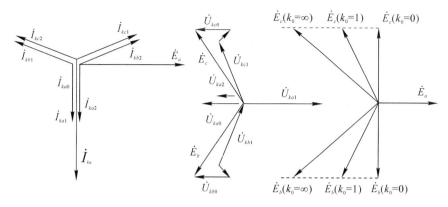

图 6-4　a 相短路接地故障处的向量图

3. 两相短路故障（$k^{(2)}$）

图 6-5 表示了 k 点处发生 b、c 两相金属性短路故障，该点的电压与电流具有下列边界条件：

$$
\begin{cases}
\dot{I}_{ka} = 0 \\
\dot{I}_{kb} = -\dot{I}_{kc} \\
\dot{U}_{kb} = \dot{U}_{kc}
\end{cases}
\tag{6-11}
$$

则对称分量的表达式为

$$
\begin{bmatrix}
\dot{I}_{k1} \\
\dot{I}_{k2} \\
\dot{I}_{k0}
\end{bmatrix}
= \frac{1}{3}
\begin{bmatrix}
1 & \alpha & \alpha^2 \\
1 & \alpha^2 & \alpha \\
1 & 1 & 1
\end{bmatrix}
\begin{bmatrix}
0 \\
\dot{I}_{kb} \\
-\dot{I}_{kb}
\end{bmatrix}
\tag{6-12}
$$

即

$$
\begin{cases}
\dot{I}_{k0} = 0 \\
\dot{I}_{k1} = -\dot{I}_{k2}
\end{cases}
\tag{6-13}
$$

由于两相短路时并没有与大地短接，所以零序电流无法形成回路，这证实了两相短路无零序电流分量。

同理：

$$
\begin{aligned}
\dot{U}_{kb} &= \alpha^2 \dot{U}_{k1} + \alpha \dot{U}_{k2} + \dot{U}_{k0} \\
&= \dot{U}_{kc} = \alpha \dot{U}_{k1} + \alpha^2 \dot{U}_{k2} + \dot{U}_{k0}
\end{aligned}
\tag{6-14}
$$

即

$$\dot{U}_{k1} = \dot{U}_{k2} \tag{6-15}$$

根据式(6-10)和式(6-12)得到的复合序网络如图6-5所示。

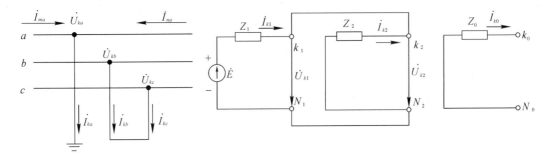

图6-5 两相接地故障与复合序网络图

由复合序网络图可计算出正序分量电流为

$$\dot{I}_{k1} = -\dot{I}_{k2} = \frac{\dot{E}}{Z_1 + Z_2} \tag{6-16}$$

因此故障相电流为

$$\dot{I}_{kb} = \alpha^2 \dot{I}_{k1} + \alpha \dot{I}_{k2} = (\alpha^2 - \alpha)\frac{\dot{E}}{Z_1 + Z_2} = -j\sqrt{3}\frac{\dot{E}}{Z_1 + Z_2} \tag{6-17}$$

$$\dot{I}_{kc} = \alpha \dot{I}_{k1} + \alpha^2 \dot{I}_{k2} = (\alpha - \alpha^2)\frac{U_a}{Z_1 + Z_2} = j\sqrt{3}\frac{U_a}{Z_1 + Z_2} \tag{6-18}$$

若正序阻抗与负序阻抗相等,则两相短路电流是三相短路电流的0.866倍。

4. 两相接地短路故障($k^{(1,1)}$)

图6-6表示了两相(b,c)接地故障情况,其边界条件为

$$\begin{cases} \dot{I}_{ka} = 0 \\ \dot{U}_{kb} = \dot{U}_{kc} = 0 \end{cases} \tag{6-19}$$

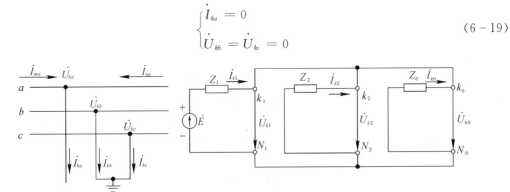

图6-6 两相接地短路及复合序网络图

将其转换为对称分量的形式为

$$\begin{cases} \dot{U}_{k1} = \dot{U}_{k2} = \dot{U}_{k0} \\ \dot{I}_{k1} + \dot{I}_{k2} + \dot{I}_{k0} = 0 \end{cases} \tag{4-20}$$

两相接地短路及复合序网络图如图 6-6 所示。

由复合序网络图可求得故障处的各序电流为

$$\begin{cases} \dot{I}_{k1} = \dfrac{\dot{E}}{Z_1 + \dfrac{Z_2 Z_0}{Z_2 + Z_0}} \\ \dot{I}_{k2} = -\dot{I}_{k1} \dfrac{Z_0}{Z_2 + Z_0} \\ \dot{I}_{k0} = -\dot{I}_{k1} \dfrac{Z_2}{Z_2 + Z_0} \end{cases} \tag{6-21}$$

故障相的短路电流为

$$\dot{I}_{kb} = \alpha^2 \dot{I}_{k1} + \alpha \dot{I}_{k2} + \dot{I}_{k0} = \dot{I}_{k1}\left(\alpha^2 - \frac{Z_2 + \alpha Z_0}{Z_2 + Z_0}\right) \tag{6-22}$$

$$\dot{I}_{kc} = \alpha \dot{I}_{k1} + \alpha^2 \dot{I}_{k2} + \dot{I}_{k0} = \dot{I}_{k1}\left(\alpha - \frac{Z_2 + \alpha^2 Z_0}{Z_2 + Z_0}\right) \tag{6-23}$$

6.2　短路故障时逆变电源的输出特性

分布式电源逆变器导通时，阻抗较小，一般可以忽略，即使串联平波电抗后电抗值也较同步发电机小很多。同步发电机工作过程中已经存储了一定的动能和定转子之间的磁场能，若运行状态改变，尤其是外部短路时，往往会有较长的暂态延时过程，部分机型暂态时间常数大于 1 s。而逆变器在进行能量分配过程中，由于控制系统响应速度加快，暂态时间缩短，故障电流可能在较短的时间内发生急剧增大，因此逆变电源自身阻碍短路电流的能力远小于普通发电机。为此采用逆变电源设计的控制系统往往要增加电流限幅措施，以便有效保护电力电子器件的安全可靠运行。可见，含逆变电源的分布式系统与传统发电机的工作原理差别较大，分布式电源的工作特性主要取决于电力电子逆变器本身。

6.2.1　PQ 控制模式下逆变电源的输出特性

PQ 控制的目的是使分布式电源输出受指定功率控制，但并不具备支撑系统电压与频率恒定的功能[147]。为研究简单起见，现以图 6-7 为例对单独供电的逆变型分布式电源（Inverter Interfaced Distributed Generator，IIDG）输出的有功功率作进一步分析。

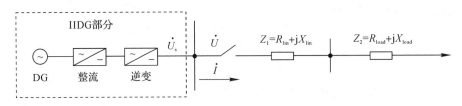

图 6-7　分布式电源逆变器故障等效电路

图 6-7 中，IIDG 出口电压为 U_s，Z_1 和 Z_2 分别为线路与负荷等值阻抗，U、I 为保护安装处的电压与电流。下面针对几类分布式电源典型控制策略进行故障特性分析。

1. 三相(对称)短路故障

三相短路属于对称短路，因此在计算短路电流时可采用单相进行。系统正常工作时，IIDG 输出的功率可表示为

$$S = \sqrt{3}\,I^2(Z_1 + Z_2) \tag{6-24}$$

线路末端发生三相直接短路故障时，逆变器出口的有功功率、电压以及电流的关系为

$$S = \sqrt{3}\,U_k I_k \tag{6-25}$$

故障后负荷阻抗被短接，系统参数发生一系列的变化：总阻抗减小，故障电流变大，电压降低，电压、电流幅值将由故障前的额定值变为故障值，且故障点距离电源越近，故障点电压降低得越多。由于 PQ 控制过程是使功率输出保持恒定，因此要求逐渐增大输出电流 I_k，直至电流达到逆变器输出要求的上限为止。也就是说，当逆变电源系统发生三相短路故障时，基于 PQ 控制策略的输出特性可分为两种情况：

(1) 当实际电流未达到逆变器输出电流上限($I_k < I_{max}$)时，分布式逆变电源对外表现为一个恒功率电源，但输出端口电压随故障电流的增大而减小。

(2) 当实际电流已达到逆变器输出电流上限($I_k = I_{max}$)时，分布式逆变电源对外表现为一个恒流源。当故障电流增大到逆变器的极限要求时，输出电流将受到保护而闭锁。

因此在分析逆变器故障输出时要更多地关注逆变器输出为恒功率源的第(1)种情况。

2. 不对称短路故障

类似地可以分析不对称短路故障逆变电源的输出特性。由式(6-16)~式(6-23)可知，单相接地故障的正序、负序及零序电流相等，而故障电流为正序电流的 3 倍；两相短路时无零序分量，但正序分量与负序分量幅值相等、相位相反，故障相电流为正序分量的 $\sqrt{3}$ 倍；两相接地短路的故障电流也有不同程度的增大(主要取决于序阻抗幅值的大小)。总之，发生不对称故障后，故障电流均有增大现象，采用 PQ 控制可以保证逆变电源输出的功率恒定。

6.2.2 V/f 控制模式下逆变电源的输出特性

由约束方程可知，V/f 控制模式的逆变电源输出功率具有较大的调节范围，它不仅可以提供有功功率，而且可以补偿无功功率。V/f 控制模式下逆变电源主要运行于以下两种稳定状态：

（1）恒定电压状态，逆变电源的输出应该满足如下条件：

$$\begin{cases} IZ_k = U_{\text{ref}} \\ I < I_{\max} \end{cases} \qquad (6-26)$$

可以证明此时逆变电源输出功率与输出电流均在可控范围之内，能够实现功率缺额的补充控制，可以保证公共点电压、频率不变。例如，当采用 V/f 控制策略的分布式电源在距离较远处发生故障，而故障电流也未达到电源输出极限要求时，逆变电源输出的电压和频率都可以维持在设定值。

（2）恒定电流状态，逆变电源的输出应该满足如下条件：

$$\begin{cases} IZ_k < U_{\text{ref}} \\ I = I_{\max} \end{cases} \qquad (6-27)$$

可以证明此时逆变电源输出电流已经达到极限水平，不可能补偿系统功率缺额，导致电源输出功率与负荷所需功率的严重失衡，系统不可能稳定运行，甚至可能出现电压或频率的崩溃现象。

一般而言，距电源越近的短路故障越容易使逆变器进入恒流状态。因此，采用恒压恒频控制策略的分布式电源应当满足容量较大和功率输出可控等基本要求，例如各种类型的储能设备以及燃气轮机或柴油发电机等都可以应用于恒压恒频控制模式。

6.3 微电网保护技术

采用电力电子设备作为接口的分布式电源，由于逆变器对故障电流的限制作用，不可能真实反映故障电流大小，这就造成了微电网孤岛运行模式下传统的过电流保护方法可能不再奏效，严重威胁设备的安全与稳定运行，因此必须探索一种新的适用于微电网的可行保护方案。

针对微电网运行模式多样及故障特性差异较大这一特殊现象[148-149]，本节从故障发生机理与保护策略两方面入手，研究微电网保护的关键技术。在分析微电网故障后的电压、电流以及阻抗变化等特征后，提出一种含双制动与功率方向检测的纵联差动保护方案。该方案适用于微电网并网与孤岛两种典型运行模式，不受分布式电源控制策略的影响，具有判别故障速度快、可靠性高、选择性好等优点。

目前，国内外有关微电网保护策略的研究主要有三类[150]。第一类以通信系统为基础，实现微电网状态参量及故障信息的检测，保护方法通常将本地电气量与微电网远程信息对比作为动作判据。这种方案的通信速度快，系统信息量丰富，微电网主保护与后备保护硬件配置简单，成本低廉。第二类方案主要针对中性点接地的微电网系统进行研究，方案中仅采用序分量的幅值反映微电网中的不对称短路故障。显然该方案应用范围有限，且由于电源阻抗与控制方式存在耦合关系，因而保护整定难度较大。第三类方案借鉴了传统配电网保护原理，根据微电网故障特征及约束条件对判据作了进一步改进，以满足微电网保护的要求。这类保护方案几乎不受系统运行方式的影响，但由于故障电流幅值大为减小，可能会使保护的可靠性和选择性无法满足要求。

6.3.1 微电网保护的基本要求

目前，对于微电网的结构、规模及电压等级并无严格规定，对微电网的保护要求也没有明确的规范说明，但大量分布式电源的接入必将影响微电网的稳定运行及潮流分布。由于微电网内部电源类型各异、组网方式不同，为规范分布式电源并网发电标准，充分发挥可再生能源效益，提高电能质量，2003 年初，美国 IEEE 制定并颁布的 IEEE 1547 规约规定：当分布式发电系统发生故障时，分布式电源应立即停止工作，以减少对故障部件的电流注入。含逆变器的电源由于受电子器件的耐压与过流能力的影响，逆变电源输出电流的幅值限制在 1.5～2 倍额定电流。因此采用传统过电流原理检测的保护将无法实现。

此外，在线路的自动重合闸规约方面，IEEE 1547 规定了分布式电源必须在自动重合闸重合之前停止功率输出，以保证故障点电弧充分熄灭，提高了自动重合闸的动作概率，防止由于分布式电源的接入而导致非同期重合带来的电流冲击影响。当系统电压波动偏离额定值时，分布式电源必须在规定的时间内停止工作。IEEE 1547 规定的电压波动及电源切除时间如表 6-1 所示。当系统频率发生波动，偏离额定值时，分布式电源应能够在规定的时间内停止工作。IEEE 1547 规定的频率波动及电源切除时间如表 6-2 所示。该标准的颁布实施，对于国内微电网接入标准的制订具有重要参考价值，对于微电网保护技术的研究具有一定的指导意义。

表 6-1   IEEE 1547 规定的电压波动及电源切除时间

电压波动范围(p.u.)	电源切除时间/s
<0.5	0.16
0.5～0.88	2.00
1.1～1.2	1.00
>1.2	0.16

表 6 - 2　IEEE 1547 规定的频率波动及电源切除时间

电源容量/kW	频率范围/Hz	电源切除时间/s
≤30	>60.5	0.16
	<59.3	0.16
>30	>60.5	0.16
	59.8~57	0.16~300
	<57	0.16

6.3.2　微电网保护的基本原理

要完成微电网及配电网系统的保护任务,首先必须"区分"系统的正常、不正常和故障三种运行状态。而要区分不同运行状态就必须找出电力元件在这三种运行状态下的可测量(主要指电气参量)的差异,提取这些量的差异以构成不同原理的保护方法。目前,传统保护方法所采集的故障量为故障元件的正序电压、电流分量、负序电压、电流以及功率方向等。通过这些差异特征量的提取即可形成新的保护原理和方法。常见的保护方法主要有以下几类。

1. 低电压保护

低电压保护是指靠检测系统电压低于额定电压而动作的保护方法,属于欠量保护范畴。正常运行时,微电网公共点电压的波动为$(5\% \sim 10\%)U_N$。短路后,母线电压均有不同程度的降低,短路点距离保护装置越近,则电压降低得越多。

2. 阻抗保护

阻抗保护是指利用被保护设备故障时电压降低和电流增大的特征,并采用计算阻抗的方法构成的保护。系统正常时,计算阻抗为额定阻抗,该值较大,功率因数角比较小;相反,当系统故障时,计算阻抗为故障设备阻抗,该值较小,功率因数角很大。

3. 序分量保护

序分量保护是利用系统故障时产生的负序和零序分量而设的保护。由于系统正常运行期间不会产生零序与负序分量,若有幅值较小的负序分量出现,多数是由于负荷不对称或重合闸三相触头不同期动作所致,均属于正常现象。而发生不对称短路故障时会出现较大幅值的序分量,利用该分量进行故障判别可以得到较好的保护选择性,同时该方法具有保护动作快、可靠性高等优点。

以上三种保护在传统大电网保护中获得了较广泛的应用。而对于低压微电网而言,由于线路电阻较大，分布式电源容量有限，若故障发生在电源的近端，此时由于故障电压与电流变化明显，能够较容易地确定故障点并快速切除，保护的可靠性与选择性较好；相反，若故障发生在距电源较远处，逆变电源的输出电流受限，导致故障后电参量变化不明显，可能使保护产生一定盲区。

4. 电流保护

电流保护是利用系统发生故障时电流增大的特性构成的保护方法。电流保护是各类电器元件故障保护的最重要方式。与传统配电网保护方法相比，微电网在运行方式、故障特征和保护需求方面都具有一些自身的特点。国内外研究资料表明，微电网的电流保护仍然是其主要保护方法，并且适用于微电网的并网和孤岛两种运行模式。电流保护仍可以参考传统电网的三段式保护原理。多数情况下微电网与外部大电网并网运行，当发生故障时，故障电流仍然由大电网提供，该值相对较大，微电网内部保护可按传统电流保护方法进行设计。

在接入分布式电源之后，会使配电网某些支路变为双电源供电方式，下面将对双侧电源供电线路适用的电流速断保护、限时电流速断保护、过电流保护以及方向电流保护进行深入探讨。

1) 电流速断保护

接入分布式电源后的系统潮流分析、计算方法可以借鉴传统电网的双侧供电原理，至于分布式电源容量有限、工作特性受电力电子器件制约等固有特性，基本不会影响分析结果。图 6-8 给出了电流速断保护的工作原理。左侧电源表示无穷大电网，右侧为分布式电源，k_1、k_2 为模拟故障点，A、B 为母线，QF_1、QF_2 表示两个保护，曲线①、②、③、④分别表示大电网输出的短路电流、分布式电源输出的短路电流、双电源的保护整定电流值以及修改启动电流整定值。由于两个电源的容量不同，因此故障电流有较大差别。

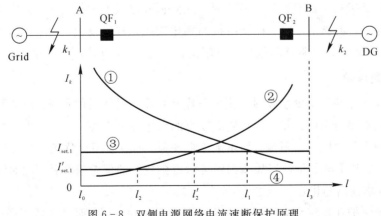

图 6-8 双侧电源网络电流速断保护原理

当任一侧区外相邻线路出口处短路时，短路电流 I_{k1}、I_{k2} 要同时流过两侧的保护，此时如果设置选择性保护元件，两个保护均不应该动作，因此这两个保护的动作整定值应该选择相同，并且按照较大的一个短路电流作为参考进行整定。

例如当

$$I_{k1\max} > I_{k2\max} \tag{6-28}$$

时，应该取

$$I_{\text{set.}1} = I_{\text{set.}2} = k_{\text{rel}} I_{k1\max} \tag{6-29}$$

式中，$I_{\text{set.}1}$、$I_{\text{set.}2}$ 为保护 QF_1、QF_2 的启动电流整定值，k_{rel} 为电流速断保护的可靠系数，一般取 $1.2 \sim 1.3$。这样整定的结果，将使分布式电源的保护范围大大缩小。两端的电源容量相差越多，则对分布式电源的保护影响将越大。

为了解决这个问题，需要在分布式电源侧增加电流方向检测，使其只在电流从母线流向被保护的线路时动作，这样保护 QF_2 的启动电流就可以按照躲过 k_2 点的短路电流来整定，也就是选择

$$I'_{\text{set.}1} = I'_{\text{set.}2} = k_{\text{rel}} I_{k2\max} \tag{6-30}$$

作为电流启动整定值。从图 6-8 中的保护范围可以看出：修订启动电流后，曲线①的保护范围由 $l_0 \sim l_1$ 变化为保护线路全长；曲线②的保护范围由 $l_2 \sim l_3$ 变化为 $l'_2 \sim l_3$。可见在微电网的保护策略上增加方向元件能够扩大保护范围，对保护的选择性要求较为有利。

2）限时电流速断保护

作为电流速断保护的近后备，为了增加保护范围，限时电流速断保护要求能够保护本线路全长，所以故障电流的动作整定值需要与相邻下级电流速断保护相配合。由于微电网内部分布式电源较多，针对短路电流的计算与传统电网差别较大，这是需要重点考虑各电源的接入对故障电流的变化所发挥的助增作用，它将直接影响保护的动作整定值。含助增电流分支的短路电流分布曲线如图 6-9 所示。

当 k_1 点短路时，故障线路中的短路电流 $\dot{I}_{k2}$ 由大电网与分布式电源共同提供，电流值为

$$\dot{I}_{k2} = \dot{I}_{k1} + \dot{I}_G > \dot{I}_{k1} \tag{6-31}$$

一般，称 DG 为分支电源，而 QF_2 断路器采用电流速断保护的整定值仍然按躲开相邻下级线路出口的短路电流为依据，表示为 $I'_{\text{set.}2}$，保护范围到 M 点结束。与此相对应，断路器 QF_1 的限时电流速断保护整定值应大于图中 k_1 点的短路电流，幅值表示为 $I_{1.M}$。这里断路器 QF_1 的限时电流速断保护应整定为

$$I''_{\text{set.}1} = k''_{\text{rel}} I_{1.M} \tag{6-32}$$

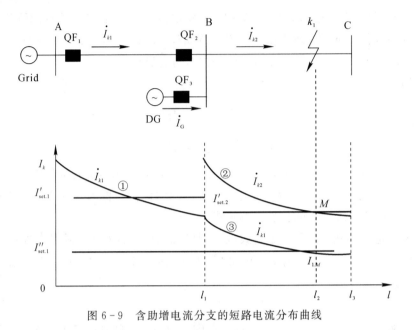

图 6-9 含助增电流分支的短路电流分布曲线

基于图 6-9 的情形，k_1 点的故障电流由 Grid 和 DG 两电源提供。为区分两者注入的电流比例关系，这里引入了分支系数 k_b 的概念。

$$k_b = \frac{故障线路流过的短路电流}{前级保护所在线路上流过的短路电流} \qquad (6-33)$$

在图 6-9 中，整定配合点 M 处的分支系数为

$$k_b = \frac{I_{2.M}}{I_{1.M}} = \frac{I'_{set.2}}{I_{1.M}} \qquad (6-34)$$

代入式(6-32)可得

$$I''_{set.1} = \frac{k''_{rel}}{k_b} I'_{set} \qquad (6-35)$$

与未接入分布式电源的电流整定公式相比，式(6-35)在分母中多了一个大于 1 的分支系数的影响。

3）过电流保护

过电流保护属于三段式电流保护的第三段，也被称为前两段保护的近后备保护。其动作电流的设定是在考虑最大负荷电流的基础上乘以一个可靠系数而获得的；动作时间的设定与保护方式有关。过电流保护一般又可分为定时限与反时限两大类。定时限过电流保护的动作时间为确定值；而反时限过电流保护的动作时间与电流幅值有关，两者呈反比关系。

4）方向电流保护

（1）双侧电源系统正方向电流规定。

分布式电源的接入使配电网潮流方向增加了不确定性，会给保护的动作整定值确定带来一定困难。现以双电源供电系统为例进行分析。实际的供电系统中，引起保护误动作的短路电流方向为线路指向母线，为避免多电源供电系统中三段式电流保护的无选择性动作，需要增设一个电流方向闭锁元件。其主要功能为：若判断故障电流方向由母线指向线路时启动保护；相反，当短路电流方向由线路指向母线时闭锁保护。双侧电源电流方向保护的原理如图 6-10 所示。

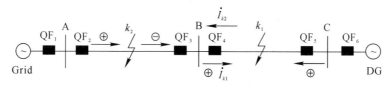

图 6-10　双侧电源电流方向保护的原理

（2）功率方向判别方法。

若规定引起保护动作的电流由母线指向线路为正，如图 6-10 中对保护 4 而言，当正方向 k_1 点三相短路时，流过保护 QF_4 的短路电流为 I_{k1}，滞后 B 母线上的电压 U 一个相角 φ_{k1}（φ_{k1} 为 B 母线到 k_1 故障点处的线路阻抗角），且 $0° < \varphi_{k1} < 90°$，如图 6-11（a）所示。当反方向 k_2 点故障时，通过保护 QF_4 的短路电流由分布式电源供给，此时流过保护 QF_4 的电流是 $-\dot{I}_{k2}$，滞后于 B 母线电压 $\dot{U}$ 的相位角将是 $180° + \varphi_{k2}$（φ_{k2} 为 B 母线到 k_2 故障点处的线路阻抗角），且 $180° < 180° + \varphi_{k2} < 270°$，如图 6-11（b）所示。若以母线 B 的电压 $\dot{U}$ 作为参考相量，并设 $\varphi_{k1} = \varphi_{k2} = \varphi_k$，则流过保护安装处的电流在以上两种情况下相位互差 $180°$。

因此，通过判别短路功率的方向或短路后电流、电压之间的相位关系，就可以判别发生故障的方向。

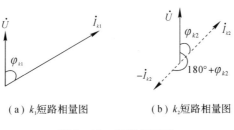

（a）k_1 短路相量图　　　　（b）k_2 短路相量图

图 6-11　短路相量图

6.4 双制动特性及功率方向检测的纵差保护

传统三段式电流保护与阻抗保护适合于中低压电网的故障保护，其原理是根据保护安装处的电流、电压信息获得保护的动作参考值来实现保护。为了满足保护的选择性与可靠性等基本要求，保护的设定值往往考虑一定的裕量，这会使保护出现一定的盲区和延时现象。研究表明：利用被保护设备两端的电量信息进行比较设置的保护可以快速、可靠区分本线路内部任意点短路与外部短路故障，达到有选择切除故障的目的。纵联差动保护适合于多电源构成的复杂网络系统。理论分析，纵联差动保护的动作几乎无延时，对故障电流的大小也没有特别要求，比较适合双侧电源或多侧电源的线路保护。

6.4.1 故障电流的方向确定方法

保护区域内部发生故障时，保护两端的电流或功率方向一致，电流幅值大小由故障点与电源之间的距离决定。而保护区域外部发生故障或者系统正常运行时，电流或功率方向相反，电流幅值大小相同。双侧电源线路内、外故障保护原理如图 6-12 所示，故障动作的判定方法如表 6-3 所示。

图 6-12 双电源系统内、外故障保护原理图

表 6-3 两端电流相量和

区内故障	区外故障或正常运行
$\sum \dot{I} = \dot{I}_A + \dot{I}_B = \dot{I}_k$	$\sum \dot{I} = \dot{I}_A + \dot{I}_B = 0$

6.4.2 双制动特性的导引线电流环流原理

由于微电网选址建厂一般靠近负荷，所以输电线路也不会太长。纵联差动保护的四种通信方式中，导引线方式具有结构简单、可靠性高、成本低廉等特点。本次设计拟选带制动特性的环流式纵联差动保护方案，其工作原理如图 6-13 所示。

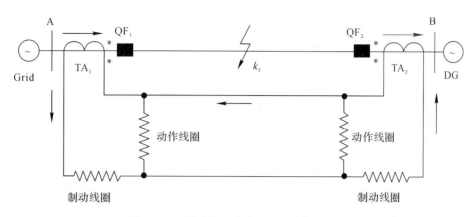

图 6 - 13　导引线环流式纵联差动保护原理

线路两侧电流互感器的同极性端子经导引线连接起来。在模拟式保护中两端的保护继电器各有两个线圈，动作线圈跨接在两根导线之间，流过两端的和电流决定发出的保护指令功能；制动线圈被串接在导引线的回路中，流过两端的循环电流发挥制动作用。当继电器的动作作用大于制动作用时，保护动作。在正常运行或外部故障时，被保护线路两侧电流互感器的同极性端子的输出电流大小相等而方向相反，动作线圈中没有电流流过，即处于电流平衡状态，此时的保护不动作。

6.4.3　线路与负荷故障保护建模

采用大型商业化仿真软件 PSCAD/EMTDC 搭建的保护模型如图 6 - 14 所示(限于软件原因，图中各量的表示与书中其它地方有区别)。该模型参考了内蒙古电力科学研究院投用的微电网发电系统，主要研究内容为光伏发电系统、风力发电系统、超级电容储能、蓄电池储能并离网的纵联差动保护以及充电桩和常用负荷的反时限过电流保护。

大电网经 10 MV·A 容量 10/0.4 kV 降压变连接于母线。连接开关 BRK 可控制微电网的并网与孤岛运行模式。分布式电源及负荷共分 5 个回路：第一回路为光伏发电系统，光伏发电采用 MPPT 跟踪方式控制，仿真内容为线路三相对称短路，纵联差动继电器采集断路器两侧的电流以及相位信息，并比对启动预设门槛电流以获得输出保护信号；第二回路为风力发电系统，可实现桨距调节和偏航控制，尽可能地提高风能利用效率，仿真内容为单相接地短路；第三、第四回路连接有两类储能设备，仿真内容为两相短路及两相接地短路故障；第五回路为负荷供电回路，连接有微电网供电的终端设备，所以保护策略采用反时限过电流方案。

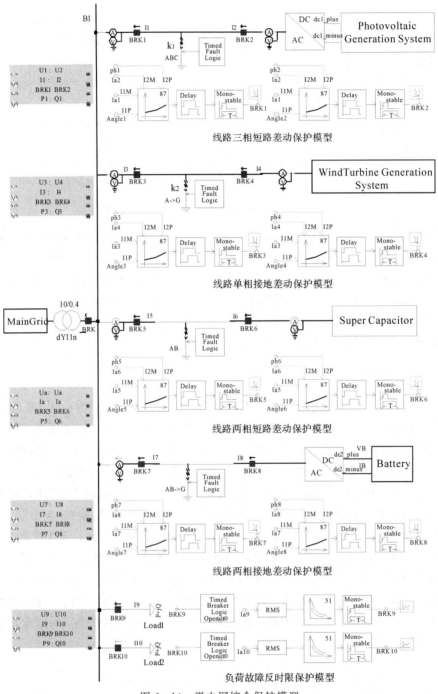

图 6-14　微电网综合保护模型

6.4.4　微电网并网模式综合保护仿真

算例 1　三相短路故障保护

由光伏阵列与大电网构成双电源供电回路，运行模式为并网状态，1.5 s 时线路发生三相短路故障，故障延续时间为 0.1 s。图 6-15 表示了三相短路故障电流波形图，图 6-16 为分别选择大电网与光伏逆变器 A 相故障电流对比波形图（也可取 B 相或者 C 相）。由图 6-15 可看出，1.5 s 之前电网电流（I1）和光伏阵列电流（I2）电流幅值相等、相位相同，输出波形实质上为光伏阵列单一电源输出电流，并供给母线上连接的负荷；故障时刻，I2 依旧是光伏阵列电流，而 I1 则变为电网电流，两者以故障电流的方式共同注入短路处。分析图 6-16 的单相电流可以看出：在 1.5 s 瞬间，单相电流幅值均明显增大，但大电网输出电流波形增大幅度更大，两者的相位角差由 0°变为 180°，故障电流经历约 20 ms 的暂态过程后减小到 0A，此时保护已经动作，切除了故障设备，所以短路电流变为零。

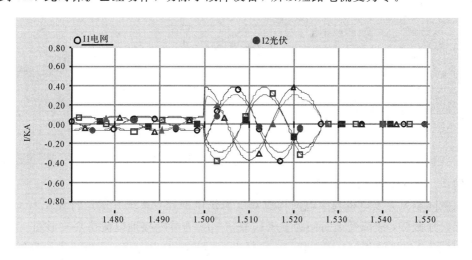

图 6-15　三相短路故障电流仿真波形

图 6-17 给出了电网与光伏阵列逆变电源输出的电压波形，其中 U1 为大电网输出电压，U2 为光伏阵列输出电压。由图可以看出，故障前光伏阵列并网运行，受电网牵制，两电压波形完全一致；在故障期间，电压幅值均出现不同程度的减小并持续约 22 ms，直到故障切除后电压自行恢复。显然光伏阵列的电压幅值降低较多，主要原因为其容量相对较小，过载能力稍差。

综合图 6-15～图 6-17 可以看出：并网运行的光伏阵列发生三相接地故障时，各相电流均有增大现象，增大的幅值与自身容量及系统总阻抗有关；故障瞬间出现了与电网电压波形相位相反现象，而三相电压幅值均出现了降低现象，电压的降低程度与故障类型有关，若为直接金属性短路，则故障点电压会降低为零，若经过渡电阻接地，电压幅值会降低，但不可能为零。整个仿真过程与理论分析结果一致，可以证实数学仿真的可行性与有效性。

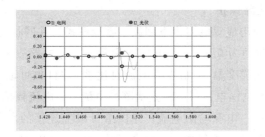

－ 6 大电网与光伏逆变器 A 相故障电流对比波形图

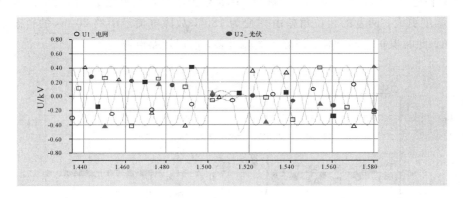

图 6-17 三相短路故障电压波形图

算例 2 单相接地故障保护

由永磁同步风力发电机与大电网构成双电源供电回路，系统并网运行在 1.0 s 时线路发生单相接地故障，故障延续时间为 0.1 s。图 6-18 为单相接地电流仿真波形图。1.0 s 之前 I3 和 I4 两电流幅值相等、相位相同，实际上为同步机输出电流，该电流供给母线上连接的负荷；故障时刻，I4 依然为同步机电流，而 I3 则变为大电网电流，两者以故障电流的方式共同注入短路处。显然在 1.0 s 时刻，故障相电流幅值明显增大，相位角差由 0°变为 180°，但同步机短路电流小于 2 倍的额定电流，非故障相电流变为零，故障电流经历约 15 ms 的暂态过程减小到 0 A，此时保护断路器已完全打开。图 6-19 为单相接地故障电压波形。U3 为电网输出电压，U4 为光伏阵列输出电压。由图可见，故障前，同步机并网运行，波形与大电网完全一致，在 1.0 s 瞬间两电压幅值均出现很小降低并持续约 15 ms，但降低幅度要比三相短路故障电压小很多，此时保护断路器已经打开，两电源同时脱网，且两电压波形出现了明显的相位差。保护的整个过程用时为 15 ms，满足保护的要求。

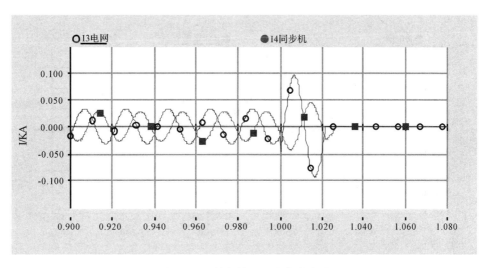

图 6 - 18 单相接地电流仿真波形

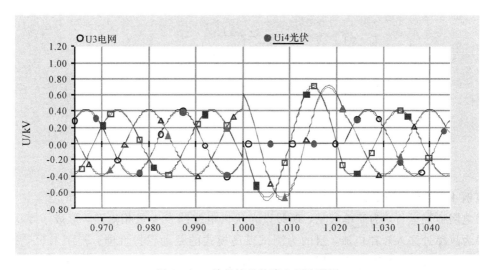

图 6 - 19 单相接地故障电压波形图

算例 3 两相短路故障保护

由超级电容与大电网构成双电源供电回路,并网运行在 0.5 s 时线路发生两相短路故障,故障延续时间为 0.1 s。图 6 - 20 为两相短路电流仿真波形。由图可知,两相电流波形在故障瞬间分别各有一相增大且相位相反,其余各相电流为零,保护动作时间约为 18 ms。

图 6 - 21 为两相短路电压波形。由图可知,故障期间故障相电压幅值降低较大,其降低程度与故障时过渡电阻阻值大小有关,两者基本呈反比例关系。保护动作时间为 18 ms。

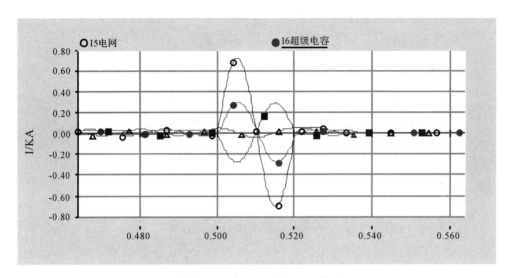

图 6-20　两相短路电流仿真波形

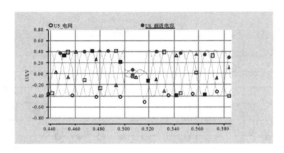

图 6-21　两相短路电压波形图

算例 4　微电网孤岛综合保护

微电网孤岛运行，为简单起见，现假设光伏供电线路发生三相短路，形成了 4 类分布式电源为故障处注入短路电流，目的为测试孤岛模式的差动保护性能。若在 1.5 s 发生故障，类似地可以得出故障电流波形与电压波形的变化情况，如图 6-22、图 6-23 所示。从这两图可以看出，混合电源注入的短路电流要比电网的电流小很多，且二者的相位相反。

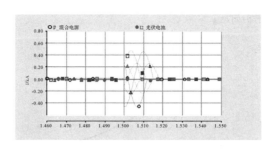

图 6-22　混合电源三相短路电流仿真波形

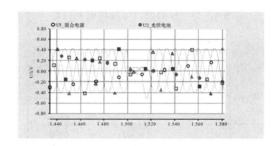

图 6-23　混合电源三相短路电压波形图

算例 5　微电网负荷故障的过流保护

微电网的负荷可认为是供电的终端，在保护方面可供选择的方案较多，但考虑保护的基本要求以及经济性的原因，反时限过流保护较为适宜。它能够按照故障的过流情况选择动作时间，可靠性比较高。常规反时限的过电流继电器特性一般由下式表示：

$$t = \frac{0.14k}{(I/I_{OP})\exp 0.02 - 1} \qquad (6-36)$$

式中，I 为实测电流、I_{OP} 为保护启动电流，k 为动作调节系数。反时限过电流继电器动作曲线可表示为图 6-24。图中，t_b 为瞬时动作固有延迟时间。当流过继电器的电流小于启动电流时，继电器不动作；当电流大于瞬时动作电流时，继电器以最小动作时间动作。当电流在两者之间时，继电器的动作时间与过电流倍数有关。选择不同的 k 值，可以获得不同的动作曲线。k 值越大，动作时间越长。图 6-25 为短路电流与动作时间的关系。为分析方便，现将不同的短路电流与对应的动作时间绘在同一图上，当短路电流 $I\_k1 = 50$ A 时，动作时间最长，约为 600 ms；当短路电流 $I\_k2 = 100$ A 时；动作时间约为 180 ms；当短路电流 $I\_k3 = 200$ A 时，动作时间最短，约为 100 ms。这证实了搭建反时限模型的合理性。

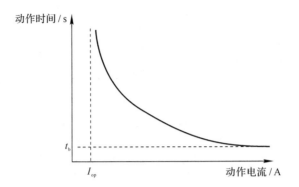

图 6-24　反时限过电流继电器特性

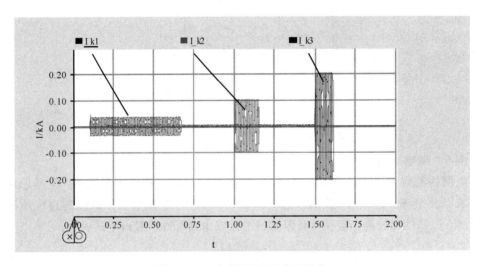

图 6-25　反时限过电流仿真波形

第7章　正反馈主动式孤岛监测技术

7.1　孤岛监测概述

为充分发挥可再生能源的发电效率，一般会将分布式电源以微电网的方式接入大电网，使其同时具备并网与孤岛两种典型运行模式。"孤岛"是指大电网故障或其它原因导致停电后，由于分布式电源的存在仍可能向就地负荷不间断供电，从而导致了停电区域的部分设备维持带电状态，这样便形成了自给供电的孤岛[151-152]，如图7-1所示。处于孤岛状态时，大电网已无法对用电设备的电压及频率实施有效管控，可能产生一系列的安全隐患甚至发生事故[153-154]，因此孤岛监测是保证微电网连续可靠供电的必备条件。

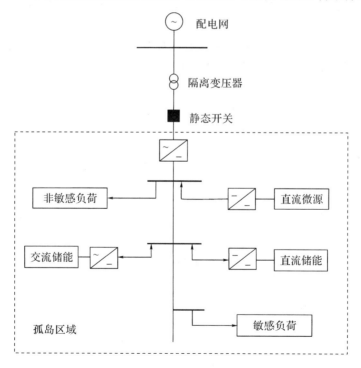

图7-1　孤岛系统原理图

7.1.1 孤岛的产生与危害

孤岛可分为计划内孤岛和计划外孤岛两种类型。计划内孤岛是属于人为因素控制的孤岛现象，对用电设备几乎不造成任何影响；而无法预知的、因突发因素所导致的孤岛现象，称为非计划性孤岛，引起的原因可能有以下几类：

（1）并网控制的静态开关故障。静态开关是连接微电网与大电网的关键设备，它是具备检测模拟量、数字量功能，同时兼有通信功能的一种智能设备。当静态开关出现故障或并网线路故障时都可能导致开关动作，引起孤岛效应。

（2）公共点电压或频率波动超限。供电系统正常运行时电压幅值与电压频率波动很小，当有超限发生时，将引起保护动作。电网检测到故障时，能够快速打开并网断路器，但分布式电源逆变器却未能检测出故障而继续运行，这样使并网设备解列，从而形成孤岛效应。

（3）工作人员的误操作或电网的定期维修维检造成的大电网的意外供电中断。

由于非计划性孤岛的形成具有一定的随机性和不可预知性，因此在微电网的实践应用中，应重点防范以下几类事件的发生：

（1）人身伤害。大电网故障停运后维检人员进入停电作业区进行检修，若此刻分布式电源继续供电，则可能导致工作人员触电甚至引起重大人身伤害事故。

（2）设备损坏。如果分布式发电装置采用 PQ 控制方式，本身没有调节电压和频率功能，孤岛后电压及频率可能会产生较大幅度的波动现象，无法满足电能质量要求，从而引起用电设备损坏。

（3）重合问题。微电网的接入，使原有配电网系统单一放射式的供电方式变为多电源供电方式。若合闸期间存在不同步现象，则可能会产生很大的冲击电流，损坏断路器或使重合闸失败。

（4）接地问题。部分微电网的接地是通过大电网来实施的，若发生孤岛，往往会使微电网失去接地点，直接威胁线路及设备绝缘安全。

分析上述情况可知，非计划性孤岛运行将对操作人员及用电设备均造成极其严重的损害。因此在分布式发电系统中，具有并网发电功能的装置都必须配有孤岛监测保护功能。国内外权威机构的反孤岛规定及相关专家在孤岛保护方面所做的大量工作，足以体现了分布式发电系统孤岛监测的重要性。

英国电力联合会颁布的 G59/1 对于电压等级低于 20 kV、容量小于 5 MW 的分布式电源接入作了规定：对于容量小于 150 kV·A 的长期并网分布式电源，需要装孤岛保护装置，保护原理为：检测逆功率、过电流、频率波动等，要求孤岛后较短时间内切除分布式电源[34]；IEEE 颁布了 EEP1547191，明确给出了分布式电源接入的基本要求，指出非计划孤岛后 2 s 内切除分布式电源[34]。我国国家标准 GB/T19939－2005 及 GB/T20046－

$2006^{[155]}$ 规定，并网运行的分布式电源必须有孤岛保护装置，孤岛后 2 s 内分布式电源退出主网。

文献[156]提出了一种基于功率波动的孤岛监测方法，即通过注入公共点周期性的无功电流扰动，使系统电压和频率产生周期性波动，采用离散傅立叶变换提取频率波动特征的方法来判别孤岛。文献[157]提出了一种频率正反馈孤岛监测方法，即采用分布式电源的输出功率与频率正反馈增益的关系曲线作为孤岛判别条件，研究了含逆变器型并网发电系统的运行特性，证实了该方法监测孤岛的适用性。文献[158]设计了一种间歇式频率扰动正反馈孤岛监测方法，思路为每隔 0.1 s 引入 1 个工频频率扰动分量，用于破坏孤岛发生时可能存在的功率平衡状态。文献[159]分析了微电网孤岛时，采用主动移频法监测会影响电网电能质量的现象，提出了一种采用改进锁相环的孤岛监测策略，并给出了主动移相式算法。其优点是孤岛发生时，该监测方法随输入信号频率的变化而改变。这种方法监测快速、有效，大大缩小了主动频率偏移法的监测盲区，几乎不影响电能质量。为实现微电网并网/孤岛的快速平稳切换，提高孤岛判别可靠性与增加抗扰动能力，文献[160]根据微电网等值阻抗的变化特性，设计了分压电路，通过并联谐振参数的优化配置进行孤岛监测，能够缩短孤岛判定监测用时，并通过 MATLAB 仿真验证了孤岛监测的有效性。

7.1.2　孤岛监测的基本问题

1. 对孤岛监测的基本要求

各类孤岛的监测均应快速、可靠。由于分布式电源与电网的连接可能存在多个断路器，而且分布式电源的运行方式有多种形式，任何一处断开，都可能形成孤岛，而每个孤岛系统的电源设备与负荷不尽相同，因此一个合理的孤岛监测方案必须能够检测出所有可能的孤岛系统。

各类孤岛的监测时间必须满足 EEP1547191 或国内 GB/T19939－2005 及 GB/T20046－2006 的指标要求。配有自动重合闸装置时，孤岛监测设备必须在自动重合闸动作之前使所有分布式电源均停止工作[161-162]。

现有的理论研究方法或投入实际应用的孤岛监测装置，必须考虑分布式电源的工作特性，例如含机械旋转设备的同步发电机、异步发电机等，含逆变设备的光伏阵列、超级电容储能以及蓄电池储能设备等。

2. 孤岛监测的电压、频率要求

孤岛监测对于分布式发电系统至关重要。孤岛监测的关键就是电网故障或停电后微电网能够及时准确测出，并且要求时间越短越好，这对于保证电能质量与系统稳定运行非常有益。IEEE 2000－929 与我国针对 220 V 市电提出的并网逆变器监测孤岛的电压/频率与时间对应关系如表 7-1 和表 7-2 所示。

表 7-1 IEEE 2000-929/L1741

状态	断电后电网电压幅值/V	断电后电网电压频率/Hz	允许最大监测时间/ms
1	$U<0.5U_N$	f_N	120
2	$0.5U_N<U<0.88U_N$	f_N	2400
3	$0.88U_N<U<1.1U_N$	f_N	正常
4	$1.10U_N<U<1.37U_N$	f_N	2400
5	$U>11.37U_{max}$	f_N	40
6	U_N	$f<f_N-0.7$	120
7	U_N	$f>f_N+0.5$	120

表 7-2 我国孤岛监测时间标准

状态	断电后电网电压幅值/V	断电后电网电压频率/Hz	允许监测时间/ms
1	$U<110$	f_N	120
2	$110<U<194$	f_N	2000
3	$242<U<301$	f_N	2000
4	$301<U$	f_N	40
5	U_N	f_N	正常
6	U_N	$f<49.5$	120
7	U_N	$f>50.5$	120

3. 孤岛监测原理

IEEE 2000-929 孤岛监测电路如图 7-2 所示。孤岛监测系统由分布式电源、逆变器、模拟阻抗等设备构成。微电网为 400 V 低压供电系统，图中 R_1、R_2、C_1 为线路等值电阻与电容，电感由于很小被忽略。电网正常运行时，分布式电源经逆变器供给负荷的功率为 P、Q，本地负荷所需求的功率为 P_{Load}、Q_{Load}。电网向负荷提供的功率分别为 ΔP、ΔQ。由于公共点(Point of Common Coupling，PCC 点)电压不变，根据基尔霍夫电流定律(KCL)，公共点的功率潮流满足：

$$\begin{cases} P_{\text{Load}} = P + \Delta P \\ Q_{\text{Load}} = Q + \Delta Q \end{cases} \tag{7-1}$$

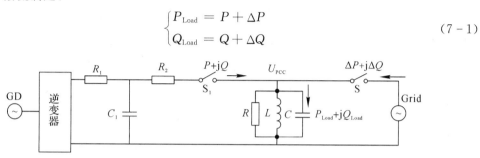

图 7-2　逆变器孤岛监测电路原理

假设逆变器运行在单位功率因数模式，即输出无功功率为零，则系统功率配合存在以下三类：负荷所需无功功率均由电网提供；逆变器输出有功功率低于本地负荷所需功率时，电网向负荷补足功率缺额；逆变器输出有功功率大于负荷所需功率时，则多余的有功功率返送电网。以下讨论电压、频率的变化以及孤岛产生的原因。

1) 有功功率失配状态下发生孤岛后 PCC 处电压幅值的变化规律

有功功率匹配指的是负荷所需有功功率均由分布式电源提供，即 $\Delta P = 0$。如果 $\Delta P \neq 0$，则系统处于有功功率失配状态。需要分布式电源提供的有功功率可表示为

$$P = \frac{U_{\text{PCC}}^2}{R_{\text{e}}} \tag{7-2}$$

式中，U_{PCC} 为公共点电压幅值(V)，R_{e} 为由逆变器看进去所得的负荷等效电阻。孤岛后，本地负荷的全部功率均由分布式电源提供，如果 PCC 处电压发生变化，则有

$$P = \frac{U_{\text{PCC}}'^2}{R} = \frac{(U_{\text{PCC}} + \Delta U)^2}{R} \tag{7-3}$$

式中，U'_{PCC} 为孤岛后的公共点电压(V)，ΔU 为孤岛后公共点电压幅值的变化量，R 为孤岛后本地阻抗的电阻分量。联立式(7-2)与式(7-3)可以得到孤岛前后电阻的关系及失配功率的表达式：

$$R_{\text{e}} = \left(\frac{U_{\text{N}}}{U_{\text{N}} + \Delta U}\right)^2 R \tag{7-4}$$

$$\Delta P = \frac{U_{\text{N}}^2}{R} - \frac{U_{\text{N}}^2}{R_{\text{e}}} = \left[\frac{1}{R} - \frac{1}{R_{\text{e}}}\right]U_{\text{N}}^2 \tag{7-5}$$

式中，U_{N} 为系统的额定电压值。将式(7-4)代入式(7-5)可以得到：

$$\Delta P = \frac{U_N^2}{R}\left[1 - \left(\frac{U_{PCC} + \Delta U}{U_{PCC}}\right)^2\right] \qquad (7-6)$$

由式（7-6）可见，如果孤岛后存在有功功率失配现象，则必然引起公共点电压的波动。

2）无功功率失配状态下发生孤岛后对 PCC 处电压频率的变化规律

无功功率匹配指的是负荷所需无功功率均由分布式电源提供，即 $\Delta Q=0$。如果 $\Delta Q\neq0$，则系统处于无功失配状态。发生孤岛后，分布式电源提供的无功功率可表示为

$$Q_{Load} = Q = \frac{U_{PCC}^2}{\omega_s L} - \omega_s C U_{PCC}^2 = \frac{U_{PCC}^2}{\omega_s L}(1 - LC\omega_s^2) = \frac{U_{PCC}^2}{\omega_s L}\left(1 - \frac{\omega_s^2}{\omega_{ref}^2}\right) \qquad (7-7)$$

由式（7-7）可见，如果孤岛后存在无功功率失配现象，则必然使公共点电压的频率产生波动，为使无功功率匹配，则失配后的角频率 ω_s 向 ω_{ref} 偏移，直到无功功率减小为零。

3）孤岛产生的条件

由上述分析可以看出：发生孤岛后，若分布式电源提供的有功功率与负荷所需的有功功率不平衡，则必然使 PCC 点电压的幅值产生波动；同理，若无功功率不平衡，则必然使电压频率产生偏移。而且功率缺额越多，电压幅值与电压频率偏移越大。一旦偏移量超过预期保护设定值，孤岛便会产生。

4）孤岛保护测试

孤岛保护测试是分布式发电及微电网系统投运前的最后一道监测工序。其目的是为进一步提高保护的可靠性与稳定性。研究资料表明，若本地负荷谐振能力较强，特别是负荷谐振频率和电网频率一致时，并联负荷能够形成最严重的制约孤岛监测情形。此时采用频率偏移法的监测手段难以奏效，甚至可能引起监测失败。为此，孤岛保护测试中，往往采用并联阻抗来模拟孤岛负荷，尤其选择 RLC 负荷组合情况居多，但这种情况还需综合考虑电路的品质因数 Q_f。由于 Q_f 值选得高有利于保持谐振工作点，但存在频率偏移困难的问题，因此在孤岛保护监测中，Q_f 值的选择需要慎重考虑。目前认为 IEEE P929 的规定较为合理，一般选 $Q_f=2.5$ 符合电网的实际情况[163-164]。

品质因数 Q_f 的计算公式为

$$Q_f = \omega_0 RC = \frac{R}{\omega_0 L} = R\sqrt{\frac{C}{L}} \qquad (7-8)$$

$$\omega_0 = 2\pi f_0 = \frac{1}{\sqrt{LC}} \qquad (7-9)$$

式中，ω_0 为负荷谐振角频率；f_0 为负荷谐振频率。

若能计算得到有功功率 P，无功功率 Q_L、Q_C，则品质因数也可采用如下公式计算：

$$Q_f = \frac{\sqrt{Q_L Q_C}}{P} \qquad (7-10)$$

世界各国分别对孤岛监测时间给出了规定，美国规定的孤岛监测时间为 1 s；日本则规定时间为 0.5～1 s；德国规定小于 5 s；而 IEEE 2000-929/L1741 与我国国标则根据具体情况给出了不同的推荐值。

7.1.3　孤岛监测的类别

孤岛监测技术最早应用于光伏发电系统，但随着可再生能源的大量开发和分布式发电的进一步推广，孤岛运行状态严重影响了本地用户供电的可靠性，有关孤岛监测的方法逐渐成为人们研究的热点。其中资料[34]重点介绍了孤岛监测中基于通信监测和基于本地监测两类常见方法。前者主要依靠无线电通信传输孤岛状态信号，它又可以分为传输断路器动作信号监测和电力线路载波信号监测两种；后者一般监测 DG 的输出电压、电流、频率等信号，又可分为被动式与主动式两种。被动式监测法具有结构简单、判别速度快等优点，主要通过测量并网公共点电压、频率的异常来进行诊断，例如测量过/欠电压、谐波含量等。但被动式监测方法判别有盲区，特别是在功率、频率不波动、不失配情况下，被动式监测方法可能失效。而主动式监测方法通过给系统增加扰动信号，进而监测系统中电压、阻抗、频率等的变化，以确定大电网是否断开。主动式孤岛监测方法分为电压监测和频率偏移监测两个大类。电压监测法又可分为周期性电压监测和特定频率电压监测法；频率偏移监测法又分为主动频率偏移监测法和 Sandia 频率监测法。具体结构如图 7-3 所示。

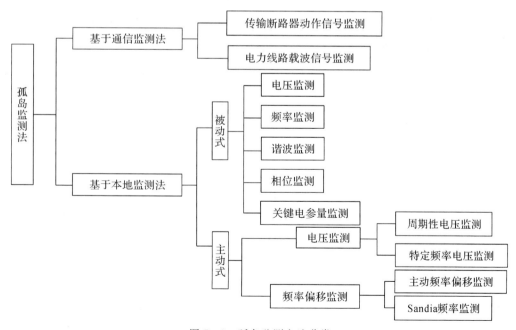

图 7-3　孤岛监测方法分类

7.2 孤岛监测技术

孤岛监测技术是分布式发电系统的重要内容，对于减少设备损坏、保证工作人员自身安全、降低孤岛危害具有重要的现实意义[165-166]。本节首先对现有孤岛监测技术及监测盲区（Non Detection Zone，NDZ）进行分析，其次对提出的电压正反馈的主动式孤岛监测方法进行理论研究，以解决主动式孤岛监测技术与系统稳定性之间的矛盾问题，达到预期设计的目的。

7.2.1 被动式孤岛监测技术

1. 过电压/欠电压孤岛监测及盲区分析[142]

过电压/欠电压（Over Voltage Protection/Under Voltage Protection，OVP/UVP）孤岛监测法以 PCC 点处的电压幅值是否超过预先设定值作为判别总则。若被测电压超过设定值，则控制逆变器停止输出并跳开并网断路器。系统正常运行时，并网断路器闭合，PCC 点电压受大电网的牵制作用，幅值波动很小。当并网断路器跳开后，若逆变器与本地负荷的功率失配，PCC 点电压幅值将会改变直到超过阈值范围，则逆变器测出孤岛并进行保护。采用电流控制的并网逆变器在发生孤岛前后均不会改变逆变器的输出电流幅值以及与 PCC 点电压的相角差，也就是

$$\begin{cases} I = I_0 \\ \varphi = \varphi_0 \end{cases} \tag{7-11}$$

式中，I_0、φ_0 与 I、φ 分别为孤岛前、后逆变器输出电流幅值及与 PCC 点的电压相角。

若逆变器采用单位功率因数控制方式，则电网正常运行时存在以下关系：

$$\begin{cases} I_0 = \dfrac{P_{\text{Load}} - \Delta P}{U_0 \cos\varphi_0} \\ \varphi_0 \approx 0 \\ R = \dfrac{U_0^2}{P_{\text{Load}}} \end{cases} \tag{7-12}$$

式中，U_0 为孤岛前 PCC 点电压有效值。孤岛后则有

$$U = IR\cos\varphi \tag{7-13}$$

式中，U 为孤岛后 PCC 点的电压有效值。

联立式(7-11)~式(7-13)可以得到

$$U = U_0 \left(1 - \frac{\Delta P}{P_{\text{Load}}}\right) \tag{7-14}$$

由式(7-14)可以看出，孤岛的产生会使 PCC 点电压幅值产生波动。当 PCC 点电压处于阈值范围内，即

$$U_{\min} < U < U_{\max} \tag{7-15}$$

时，孤岛不会被监测。联立式(7-14)和式(7-15)可以得到过电压/欠电压孤岛监测的盲区为

$$1 - \frac{U_{\max}}{U_0} < \frac{\Delta P}{P_{\text{Load}}} < 1 - \frac{U_{\min}}{U_0} \tag{7-16}$$

2. 过频率/欠频率孤岛监测及盲区分析[167]

过频率/欠频率孤岛监测是以 PCC 点电压的频率是否超过预设阈值作为判别依据而进行解列保护的一种方式。国标 GB/T15945—1995[34]规定：我国电网额定频率为 50 Hz，其上下限值分别是 $f_{\min} = 49.5$ Hz、$f_{\max} = 50.5$ Hz。系统正常并网工作时，PCC 点电压的频率几乎不发生波动。孤岛瞬间，若逆变器输出无功功率与本地负荷所需无功功率失配，则 PCC 点电压的频率会发生偏移，如果偏移量超过阈值，则跳开并网断路器实施孤岛保护。假设并网逆变器采用单位功率因数控制方式，则孤岛前后逆变器的输出电流和 PCC 点电压间的相位差角都近似等于 0，即

$$\varphi = \varphi_0 \approx 0 \tag{7-17}$$

所以孤岛前满足下式：

$$\begin{cases} \varphi_0 = \arctan \dfrac{Q_{\text{Load}} - \Delta Q}{P_{\text{Load}} - \Delta P} \\[2mm] Q_{\text{Load}} = U_0^2 \left(\dfrac{1}{\omega_0} - \omega_0 C\right) \\[2mm] Q_{\text{f}} = R \sqrt{\dfrac{C}{L}} \\[2mm] R = \dfrac{U^2}{P_{\text{Load}}} \end{cases} \tag{7-18}$$

式中，Q_{f} 为本地负荷的品质因数，ω_0 为孤岛前 PCC 点处的电压角频率。

孤岛后有

$$\tan\varphi = R\left(\frac{1}{\omega L} - \omega C\right) \tag{7-19}$$

式中，ω 为孤岛后 PCC 点处的角频率。

联立式(7-17)～式(7-19)可得

$$\omega = \frac{2Q_\mathrm{f}P_\mathrm{Load}\omega_0}{-\Delta Q + \sqrt{(\Delta Q)^2 + 4Q_\mathrm{f}^2 P_\mathrm{Load}^2}} \qquad (7-20)$$

由式(7-20)看出：若 $\Delta Q \neq 0$，孤岛后 PCC 点处电压的频率将会有偏移现象。若 ω 值偏移没有超过阈值，即 $\omega_\mathrm{min} < \omega < \omega_\mathrm{max}$，则孤岛一直持续，不会被检出。

联立式(7-19)和式(7-20)可得过频率/欠频率孤岛监测的盲区为

$$Q_\mathrm{f}\left(\frac{\omega_\mathrm{min}}{\omega_0} - \frac{\omega_0}{\omega_\mathrm{min}}\right) < \frac{\Delta Q}{P_\mathrm{Load}} < Q_\mathrm{f}\left(\frac{\omega_\mathrm{max}}{\omega_0} - \frac{\omega_0}{\omega_\mathrm{max}}\right) \qquad (7-21)$$

3. 电压谐波监测法

电压谐波监测法是指采用监测逆变器输出电压的谐波含量来判别孤岛的一种方法。微电网并网运行时，大电网的内阻抗较小，故逆变器输出的谐波电流首先注入了低阻抗的大电网，故逆变器输出端的电压 U_PCC 响应谐波分量很小。并网断路器跳开后，逆变器输出的谐波电流注入了本地负载，此时的负荷阻抗较大，所以 U_PCC 中的谐波含量迅速增大。该方法的应用不会破坏电能质量，也不会产生孤岛监测的稀释效应。另外需要说明的是，理论上分布式发电系统阻抗可以采用线性阻抗模拟，而实际中的阻抗为非线性，所以发生孤岛后，可能会使逆变器输出电压中的谐波增大。该监测方法的推广应用具有一定的困难。

4. 相位跳变监测法

相位跳变监测法指的是利用并网逆变器输出电压与电流之间的相位差进行监测的一种方法。分布式电源并网运行时，假设逆变器采用单位功率因数控制，即 $\cos\varphi = 1$，孤岛后逆变器输出端电压由于不受大电网牵制而产生相位跳变现象。该监测方法较容易实现，不会破坏电能质量，不会存在多台逆变器并联时的稀释效应。但在监测过程中设定阈值时有一定困难，阈值过低，可能引起逆变器误动作，而阈值过高，则可能出现较大监测盲区，导致监测效果不佳。

5. 关键电参量监测法

微电网孤岛运行时，由于网内电源的输出功率与负荷吸收功率难以完全匹配，系统电压、频率等较为敏感的电参量变化量随即增大。可通过监测敏感电量的变化率、谐波畸变率、不平衡度来判断孤岛的发生。该方法同样不会破坏电能质量，也不产生监测稀释效应，但采用的设备较多，硬件成本会有所增加。

7.2.2 主动式孤岛监测技术

以上分析的被动式孤岛监测方法中，相位跳变监测法和电压谐波监测法在实际应用中很难实现，所以仅停留在理论研究层面。过电压/欠电压、过频率/欠频率孤岛监测法应用相对较多，但上述两种方法在一定程度上存在较大盲区，并且随功率的匹配程度不同，判别时间会有滞后现象。为补偿被动式孤岛监测方法的缺陷，国内外也有不少研究人员提出主动式孤岛监测方法。主动式孤岛监测是向 PCC 点处注入扰动信号来判别孤岛是否发生的一种有效方法。分布式电源并网运行时，由于受大电网的牵制，逆变器无法监测这些扰动信号，一旦孤岛发生，逆变器输出扰动量将快速累积，若超过预设阈值，便立刻动作。与被动式监测法相比，主动式监测法效率高、监测盲区小，但引入了扰动信号势必会影响电能质量，另外在多逆变器并联情况下其判别效率可能会降低，这些问题都是主动式孤岛监测的缺陷。关于主动式孤岛监测方法主要有以下几类。

1. 电压偏移监测法

1）阻抗测量法

阻抗测量法就是周期性地对分布式电源逆变器注入电流信号 i_{inv}，使其输出电压改变。逆变器并网运行时系统等值阻抗较小，有扰动信号注入后引起的电压变化也不大；孤岛时，由于负荷阻抗较大，引入扰动后引起的电压 U_{PCC} 会明显增大，若电压幅值超过预设阈值则引起保护动作。该方法相当于测量 dU_{PCC}/dI_{inv} 的值，即用阻抗来判别孤岛现象的发生，因而称为阻抗测量法。从理论上分析，阻抗测量法无监测盲区，在孤岛监测最困难的情况下（功率供需平衡）仍然有效。但若有多个逆变器同时工作，每台逆变器注入的电流变化可能出现相互抵消情况，导致监测电压的变化小于阈值，从而会使盲区增大。这就要求各台逆变器注入的扰动信号保持同步，但实现起来有一定困难。

2）特定频率处阻抗测量法

该方法类似于电压谐波监测法，即通过周期性地对逆变器注入谐波电流来监测谐波电压的分量大小，以判别孤岛状态。由于并、离网状态下系统阻抗差别明显，所以特定频率处阻抗测量法具有监测盲区小、孤岛监测速度快等特点。

2. 频率偏移监测法

1）主动频率偏移法（Active Frequency Drift，AFD）

该方法的实现原理为：并网逆变器周期性地向大电网注入幅值较小的失真电流，目的为使逆变器输出电压频率出现一个周期性的突变信号，通过判别该信号的失真程度从而监测孤岛的发生。以电压频率发生向上突变移频为例，此时逆变器输出电流信号为一畸变斩波信号，如图 7-4 所示。同时给出一个标准的正弦波作为对比。在图中，T_{Grid} 为大电网电压的周期，T_{GD} 为逆变器输出电流周期。同时在电流波形之间出现大小为 T_z 的死区。其斩波系数定义为

$$C_{\mathrm{f}} = \frac{T_z}{T_{\mathrm{Grid}}/2} \qquad (7-22)$$

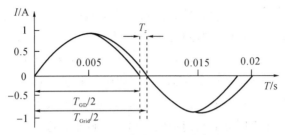

图 7-4　频率偏移法监测波形

频率偏移监测法具有监测速度快、盲区小等优点，但缺点是加入强的扰动信号会使电流波形畸变，降低供电质量。如果有多台逆变器同时并网工作，采用频率偏移法监测时，可能出现移频效果相互抵消的情况，产生稀释效应现象，从而导致孤岛监测失败。

2）Sandia 频率偏移法（SFS）

主动频率偏移法虽然较被动式孤岛监测方法更具竞争力，但该方法依然存在影响电能质量、稀释监测效果、无法识别一定盲区等缺陷。为克服以上不足，美国的 Sandia 实验室提出了改进移频式孤岛监测法——Sandia 频率偏移法[167]，有部分资料称其为带有正反馈的主动频率偏移法（Active Frequency Drift with Positive Feedback，AFDPF）。其监测步骤为：假设并网逆变器电流源的输出特性为

$$i_{\mathrm{inv}} = I_{\mathrm{inv}}\sin(\omega t + \varphi_{\mathrm{inv}}) \qquad (7-23)$$

式中，I_{inv} 与 φ_{inv} 为逆变器输出的电流幅值与初相角，ω 为逆变器控制的角频率。

而逆变器输出的电压瞬时表达式为

$$u_{\mathrm{inv}} = U_{\mathrm{inv}}\sin(\omega t + \varphi_{\mathrm{inv}}) \qquad (7-24)$$

式中，U_{inv} 与 φ_{inv} 为逆变器输出的电压幅值与初相角。

Sandia 频率偏移法采用正反馈的方式使 u_{inv} 的频率连续偏移，直到超过预设阈值，启动保护动作。该方法首先给出主动移法的斩波系数表达式：

$$C_{fk} = C_{\mathrm{f}(k-1)} + K\Delta f \qquad (7-25)$$

式中，C_{fk} 为第 k 个周期的斩波系数，$C_{\mathrm{f}(k-1)}$ 为第 $k-1$ 个周期的斩波系数，K 为正反馈比例系数，Δf 为逆变器电压频率 f_{inv} 与大电网电压频率 f_{N} 之间的频率偏差，即：$\Delta f = f_{\mathrm{inv}} - f_{\mathrm{N}}$。

由式(7-25)可以看出，斩波系数是频率偏差的函数，其大小随频率偏差的大小同向变化，即频率偏差的大小决定了移频的速度，具有频移正反馈效应。并网逆变器正常工作时，SFS 监测方法试图加速频率偏移，但受大电网牵制作用频率仍保持稳定，不会发生任何变

化。孤岛后，针对频率向上偏移的情况进行分析：电压 u_{inv} 随逆变器输出电流大小而变化，当电流的畸变使频率上移时，由式(7-25)得到逆变器输出电流的斩波系数逐步增大，从而使频率进一步上移。经过正反馈与周期性扰动后，频率最终超过预设阈值而实现孤岛保护。

比较式(7-22)AFD的斩波系数与式(7-25)SFS的斩波系数可得出，前者的斩波系数为固定值，类似SFS斩波系数表达式中取正反馈比例系数为0的特殊情况。后者则更加突出了频率偏差，促使频率移动过程中具有较强的正反馈特性，增加了移频效果。采用频率偏移的正反馈特点使孤岛后的电压频率偏差更大，所以SFS具有更小的监测盲区。

但是SFS在监测孤岛过程中利用了频率的正反馈扰动策略，必将使并网逆变器输出电能质量下降。另外，SFS的并网逆变器若连接于弱电网，含扰动量的输出功率可能导致系统暂态响应变差，特别是连接多台并网逆变器时情况将更加糟糕。由上述分析可知，保证电能质量和尽可能地缩小监测盲区始终是一对尖锐矛盾，如何协调两者的关系是当前必须解决的核心问题。

7.3 电压幅值比较的正反馈孤岛监测方案

针对传统孤岛监测方法的不足，尤其是逆变器输出功率与负荷功率平衡时孤岛监测失效以及采用主动移频、移相法影响电能质量等现象，本节提出了一种基于电压幅值比较的正反馈主动式孤岛监测方案。该方案可以动态地修改给定逆变器电流值，使其端口输出电压幅值能按预期设计方向增大(或减小)，从而增加孤岛后公共点电压的偏离程度。也就是说，该方案使孤岛后的公共点电压变化呈正反馈趋势发展，以快速增大公共点电压与额定电压的偏差，提高孤岛监测的成功概率。

该监测方法具有可靠性高、盲区小，几乎不破坏电能质量等优点。本节详细描述了孤岛监测的工作原理，搭建了具体算法模型，测试了硬件电路并用仿真手段检验了所提方案的有效性，从而为分布式发电系统孤岛监测的研究提供了理论依据。

7.3.1 孤岛监测原理与算法

孤岛监测原理图及本地负荷参数如图7-2所示。通过本章7.2节分析可以得出以下结论：并网逆变器与本地负荷功率不匹配将导致公共点电压的波动，这种情况采用被动式监测方法较为有效；相反，如果两者功率相等，则不存在公共点电压波动，此时被动式监测方法往往不能奏效，导致出现盲区无法保护的现象。主动式孤岛监测对于系统功率的匹配与否无任何要求，但监测过程可能破坏电能质量。

本节所提的孤岛监测算法思想为：将公共点电压幅值与系统电压幅值的比定义为反馈强度，按照公共点电压幅值与系统电压幅值的大小关系定义反馈方向，在此基础上增加周期性的扰动量，并将其作为逆变器输出的给定信号。

预设算法模型为

$$I_d = kU_r + U_d \tag{7-26}$$

$$\begin{cases} U_r = \dfrac{U_p}{U_m}, \ U_d = |K_d|, \ k = +1; \ U_p > U_m \\[3mm] U_r = \dfrac{U_m}{U_p}, \ U_d = -|K_d|, \ k = -1; \ U_p \leqslant U_m \end{cases} \tag{7-27}$$

式中：I_d 为逆变器电流扰动量，U_r 为反馈强度系数，K_d 为整数，U_p、U_m 分别为公共点、系统电压峰值，k 为自适应系数，U_d 为周期性扰动量。按照电压正反馈监测的算法，分布式发电系统逆变器输出电流计算式为

$$I_o = (I_m + kU_r + U_d)\sin(\omega_0 t) \tag{7-28}$$

式中，I_m 为逆变器正常运行时的设定值。为加快孤岛监测速度，拟用改进计算法，此时逆变器输出的电流为

$$I_o = (I_m + kU_r^3 + U_d)\sin(\omega_0 t) \tag{7-29}$$

理想系统中，U_m 值恒定，但实际电网电压存在波动，一般可以假设：短时间内电网电压峰值不会变化；此时逆变器处于并网状态，$U_p = U_m$。也就是说，$U_m(r) = U_p(r-n)$，即第 r 个周期电网电压峰值和第 $r-n$ 个周期 PCC 点电压峰值相等。设第 r 个周期电网掉电，其后的 n 个周期 U_m 仍可由逆变器正常输出的 $U_p(r-n+1)$、$U_p(r-n+2)$、$\cdots$、$U_p(r)$ 表示，即

$$\begin{cases} U_m(r+1) = U_p(r-n+1) \\ U_m(r+2) = U_p(r-n+2) \\ \cdots \\ U_m(r+n) = U_p(r) \end{cases}$$

在此假设条件下，逆变器输出电流可表示为

$$I_o(r) = \begin{cases} \left[I_m + k\left(\dfrac{U_p(r)}{U_p(r-n)}\right)^3 + U_d \right]\sin(\omega_0 t), \ U_p > U_m \\[4mm] \left[I_m + k\left(\dfrac{U_p(r-n)}{U_p(r)}\right)^3 + U_d \right]\sin(\omega_0 t), \ U_p \leqslant U_m \end{cases} \tag{7-30}$$

为验证上述算法的有效性，下面针对系统电压波动时可能出现的几种情形进行讨论：

（1）当 $U_p > U_m$ 时，若系统在第 r 个周期发生孤岛，则有 $U_p(r) > U_m(r) = U_p(r-n)$，由式（7-26）和式（7-27）可以看出：第 $r+1$ 个周期逆变器扰动电流将增大，因而相应逆变器给定电流增大。根据图 7-5(a) 所示正反馈原理可以类推，公共点电压具有上升趋势。当电流增大到一定值时公共点电压上升到预设阈值，系统测出孤岛状态，此时 U_d 发挥电压正反馈辅助调节功能，加速了孤岛监测效果。此处特别申明，若公共点电压幅值已经超过预设阈值但仍没有进行孤岛保护，此时需减小逆变器的给定电流，防止输出电压过高而导致供

电安全问题。

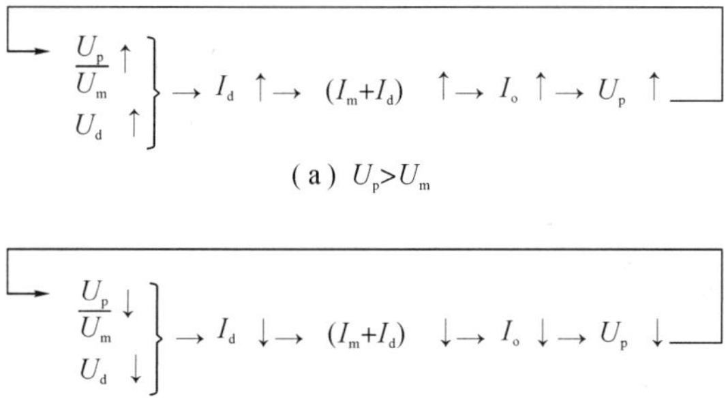

$$\left.\begin{array}{l} \dfrac{U_\mathrm{p}}{U_\mathrm{m}} \uparrow \\ U_\mathrm{d} \uparrow \end{array}\right\} \rightarrow I_\mathrm{d} \uparrow \rightarrow (I_\mathrm{m}+I_\mathrm{d}) \uparrow \rightarrow I_\mathrm{o} \uparrow \rightarrow U_\mathrm{p} \uparrow$$

(a) $U_\mathrm{p} > U_\mathrm{m}$

$$\left.\begin{array}{l} \dfrac{U_\mathrm{p}}{U_\mathrm{m}} \downarrow \\ U_\mathrm{d} \downarrow \end{array}\right\} \rightarrow I_\mathrm{d} \downarrow \rightarrow (I_\mathrm{m}+I_\mathrm{d}) \downarrow \rightarrow I_\mathrm{o} \downarrow \rightarrow U_\mathrm{p} \downarrow$$

(b) $U_\mathrm{p} < U_\mathrm{m}$

图 7 - 5　正反馈工作原理

（2）当 $U_\mathrm{p} < U_\mathrm{m}$ 时，若系统在第 r 个周期发生孤岛，则有 $U_\mathrm{p}(r) < U_\mathrm{m}(r) = U_\mathrm{p}(r-n)$，由式(7-26)和式(7-27)可以看出：第 $r+1$ 个周期逆变器扰动电流将减小，因而相应逆变器给定电流减小。根据图 7-5(b)所示正反馈原理加以类推，公共点电压具有下降趋势。当电流减小到一定值时公共点电压下降到预设阈值，系统测出孤岛状态，此时 U_d 发挥电压正反馈辅助调节功能，加速了孤岛监测效果。

（3）当 $U_\mathrm{p} = U_\mathrm{m}$ 时发生孤岛，由于逆变器输出功率与负荷功率平衡，所以这种状态是最不利监测孤岛的情形。由式(7-26)和式(7-27)看出：$U_\mathrm{d} = -|K_\mathrm{d}|$ 的辅助调节效果明显，U_d 的引入使得逆变器输出电流减小，从而使公共点电压降低，当满足 $U_\mathrm{p} < U_\mathrm{m}$ 条件时，工作过程与第(2)种情形相同。

7.3.2　孤岛监测建模仿真

孤岛监测系统模型如图 7-6 所示。仿真参数：系统电压 220 V、频率 50 Hz；逆变器输出功率 3 kW；输出电流 15.2 A。现假设在并网逆变器输出功率与负载功率相等时发生孤岛；此时电网频率与负荷谐振频率一致；品质因数 Q_f 取 2.5，其它设计参数为 $R = 16\ \Omega$，$L = 20.3\ \mathrm{mH}$，$C = 500\ \mu\mathrm{F}$。下面分三种情况进行仿真分析：当 $U_\mathrm{p} > U_\mathrm{m}$ 时仿真设置 0.12 s 时

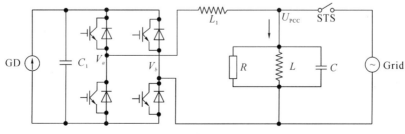

图 7 - 6　孤岛监测系统模型

刻电网产生故障，发生孤岛。在扰动信号作用下，按照正反馈增大的工作原理，逆变器输出电流增大，在 0.18 s 时刻公共点电压超过预先设定值上限时，系统监测出孤岛并停止输出，监测孤岛的延时为 60 ms，如图 7-7(a)所示。当 $U_p < U_m$ 时仿真设置 0.12 s 时刻电网产生故障，发生孤岛。在扰动信号作用下，按照正反馈减小的工作原理，逆变器输出电流减小，在 0.18 s 时刻公共点电压超过预先设定值下限时，系统监测出孤岛并停止输出，监测孤岛的延为 60 ms，如图 7-7(b)所示。当 $U_p = U_m$ 时，由于并网逆变器输出功率和负荷所需功率一致，公共点电压峰值保持不变，对于快速监测孤岛情况最为不利，但由于 U_d 的作用，从图 7-7(c)可看出，U_d 扰动量仍能破坏原公共点电压的平衡状态，使得公共点电压下降，且在正反馈的作用下，公共点负载电压持续减小。0.14 s 后，公共点电压值超出了预先设定值下限，系统监测到孤岛并动作，孤岛监测时间为 100 ms，较前两种监测用时都有所增加。图 7-7(d)为 $U_p = U_m$ 时大电网在 0.04 s 时刻故障的电压波形。分析仿真波形可得到如下结论：最坏情况下，U_d 作用后不超过 2 s 即可监测到孤岛，远小于 IEEE 2000-929 标准对孤岛发生后最大跳闸时间(120 周期)的规定要求。由仿真波形看出，系统正常运行时电压波形无畸变，也没有出现谐波现象，能够保证电能质量，即使在最严重的孤岛情况下也可快速判别孤岛，证实了所提方案的有效性。

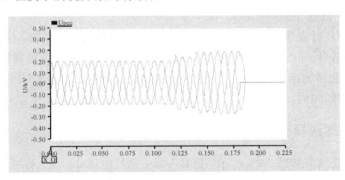

（a）$U_p > U_m$ 时公共点电压波形图

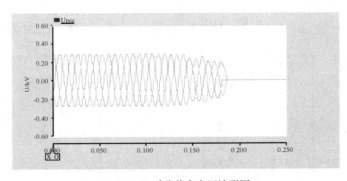

（b）$U_p < U_m$ 时公共点电压波形图

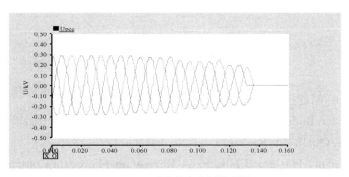

（c）$U_p = U_m$时公共点电压波形图

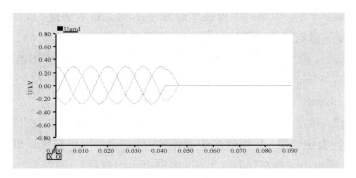

（d）$U_p = U_m$时电网电压波形图

图 7-7 孤岛监测仿真波形

参 考 文 献

[1] Yves Brunet. 储能技术[M]. 北京：机械工业出版社，2013.

[2] Hartono B S，Budiyanto，Rudy Setiabudy. Review of Microgrid Technology[J]. IEEE Trans. Quality in Research，2014，13(2)：127 – 132.

[3] Pouya Borazjani，Hashim B Hizam. A Review on Microgrid Control Techniques[J]. IEEE Innovative Smart Grid Technology，2014，29(8)：749 – 753.

[4] 王成山，武震，李鹏. 微电网关键技术研究[J]. 电工技术学报. 2014. 29(2)：1 – 12.

[5] 杨新法，苏剑. 微电网技术综述[J]. 中国电机工程学报. 2014. 34(1)：54 – 70.

[6] 李富胜，李瑞生，周逢权. 微电网技术及工程应用[M]，北京：中国电力出版社，2013.

[7] Ali Keyhani，Muhammad Marwali. Smart Power Grid 2011[M]. Berlin：Springer Berlin Heidelberg，2013.

[8] 张建华，黄伟. 微电网运行控制与保护技术[M]. 北京：中国电力出版社，2010.

[9] 国家统计局能源统计司. 中国能源统计年鉴[M]. 北京：中国统计出版社，2013.

[10] 刘振亚. 中国电力与能源[M]. 北京：中国电力出版社，2012.

[11] 国网能源研究院. 能源与电力分析年度报告系列[M]. 北京：中国电力出版社，2013.

[12] Xuan Zhu，Xiao-qing Han，Wen-ping Qin，et al. Past，today and future development of micro-grids in China[J]. Renewable and Sustainable Energy Reviews，2015，42(1)：1453 – 1463.

[13] Joseph O Dada. Towards understanding the benefits and challenges of Smart/Micro-Grid for electricity supply system in Nigeria[J]. Renewable and Sustainable Energy Reviews，2014，38(1)：1003 – 1014.

[14] R Raja Singh，Thanga Raj Chelliah，Pramod Agarwal. Power electronics in hydro electric energy systems—A review[J]. Renewable and Sustainable Energy Reviews，2014，32(1)：944 – 959.

[15] 周孝信，陈树勇，鲁宗相. 试论三代电网[J]. 中国电机工程学报，2013，33(22)：69 – 78.

[16] Wang P，Goel L，Liu X，et al. Harmonizing AC and DC：a hybrid AC/DC future grid solution[J]. IEEE Power and Energy Magazine，2013，11(3)：76 – 83.

[17] 张纯江，董杰，刘君，等. 蓄电池与超级电容混合储能系统的控制策略[J]. 电工技术学报，2014，29(4)：334 – 340.

[18] U. S. Energy Information Administration. Annual Energy Outlook 2011 with Pro-

jections to 2035[R]. 2011.

[19] Avid Allen, Chris Brown, John Hickey. Energy storage in the New York electricity markets. A New York ISO white paper[R]. 2010.

[20] 中国科学技术信息研究所. 国际应对气候变化科技动态[R]. 2012.

[21] 中华人民共和国国家发展和改革委员会. 可再生能源中长期发展规划[R]. 2007, 7.

[22] 钟清. 智能电网关键技术研究[M]. 北京：中国电力出版社, 2011.

[23] Ali Keyhani. 智能电网规划与控制的方法和应用[M]. 朱邦俊, 译. 上海：上海科学技术出版社, 2013.

[24] 王成山, 杨占刚, 王守相, 等. 微电网实验系统结构特征及控制模式分析[J]. 电力系统自动化, 2010, 34(1)：99－105.

[25] 丁明, 杨为, 张颖媛, 等. 基于 IEC61970 标准的微电网 EMS 平台设计[J]. 电力自动化设备, 2009, 29(10)：16－20.

[26] 全国人大. 中华人民共和国可再生能源法[M]. 北京：中国法制出版社, 2010.

[27] 中国能源研究项目组. 中国能源中长期(2030－2050)发展战略研究[M]. 北京：科学出版社, 2011.

[28] 国务院. 国家中长期科学和技术发展规划纲要(2006－2020 年[M]. 北京：中国法制出版社, 2006.

[29] 谭兴国. 微电网复合储能柔性控制技术与容量优化配置[D]. 山东大学博士学位论文, 2014.

[30] Lasseter R H, Piagi P. Microgrids：A conceptual solution[C]. Power Electronics Specialists Conference, IEEE 35th Annual, Aachen, 2004, 6：4285－4290.

[31] Arefifar S A, Mohamed Y, A, -R, I, and El-Fouly. T. Supply-adequacy-based optimum construction of microgrids in smart distribution systems[J]. IEEE Trans. Smart Grid, 2012, 3(3)：1491－1502.

[32] Jain N, Singh S, Srivastava S. A Generalized Approach for DG Planning and Viability Analysis under Market Scenario[J]. IEEE Trans. Ind, Electron, 2013, 60(11)：5075－5078.

[33] 王成山, 高菲, 李鹏, 等. 可再生能源与分布式发电接入技术欧盟研究项目述评[J]. 南方电网技术, 2008, 2(6)：1－6.

[34] 徐青山. 分布式发电与微电网技术[M]. 北京：人民邮电出版社, 2011.

[35] Taha Selim Ustun, Cagil Ozansoy, Aladin Zayegh. Recent developments in micro-grids and example cases around the world－A review[J]. Renewable and Sustainable Energy Reviews, 2011, 15(8)：4031－4041.

[36] Carla Alvial-Palavicino, Natalia Garrido Echeverría, Guillermo Jiménez Estévez, et al. A methodology for community engagement in the introduction of renewable based smart microgrid[J]. Energy for Sustainable Development, 2011, 15(7): 314 - 323.

[37] 彭克, 王成山, 李琰, 等. 典型中低压微电网算例系统设计[J]. 电力系统自动化, 2011, 35(18): 31 - 35.

[38] Wen-Jung Chianga, Hurng-Liahng Jou, Jinn-Chang Wu. Active islanding detection method for inverter-based distribution generation power system[J]. Electrical Power and Energy Systems, 2012, 42(6): 158 - 166.

[39] Nichols D K, Stevens J, Lasseteer R H, et al. 2006 Validation of the CERTS Microgrd Concept: The CEC/CERTS Microgrid Testbed. Power Engineering Society General Meeting, IEEE, 2006, 3(6): 24 - 28.

[40] 郑漳华, 艾芊. 日本的微电网研究现状[J]. 电网技术, 2008, 32(16): 27 - 32.

[41] Planas E, Gil-de-Muro A, Andreu J, et al. General aspects, hierarchical controls and droop methods in microgrids: a review. Renew Sustain Energy Rev January, 2013: 17(5): 147 - 159.

[42] Basak P, Chowdhury S, Dey S H, et al. A literature review on integration of distributed energy resources in the perspective of control, protection and stability of microgrid. Renew Sustain Energy Rev, 2012: 16(8): 5545 - 56.

[43] Wu Hongyu, Shahidehpour M, Khodayar M E. Hourly demand response in day-ahead scheduling considering generating unit ramping cost. Power Syst IEEE Trans August, 2013: 28(3): 2446 - 2454.

[44] 陆晓楠, 孙凯, Josep Guerrero. 适用于交直流混合微电网的直流分层控制系统[J]. 电工技术学报, 2013, 28(4): 35 - 42.

[45] 杨志淳, 刘开培, 乐健. 孤岛运行微电网中模糊 PID 下垂控制器设计[J]. 电力系统自动化, 2013, 37(12): 19 - 24.

[46] 马添翼, 金新民, 黄杏. 含多变流器的微电网建模与稳定性分析[J]. 电力系统自动化, 2013, 37(6): 12 - 17.

[47] IEEE standard for interconnecting distributed resources with electric power systems. New York: The Institute of Electrical and Electronics Engineers Inc, 2003.

[48] 孙景钋, 李永丽, 李盛伟, 等. 含分布式电源配电网保护方案[J]. 电力系统自动化, 2009, 33(1): 81 - 84.

[49] 郭小强, 邬伟扬. 微电网非破坏性无盲区孤岛监测技术[J]. 中国电机工程学报, 2009, 29(25): 7 - 12.

［50］ Karegar H Kazemi，Sobhani B. Wavelet transform method for islanding detection of wind turbines［J］. Renewable Energy，2012，38(3)：94 – 106.

［51］ Velasco D，Trujillo C L，Garcera G，et al. Review of anti-islanding techniques in distributed generators［J］Renewable and Sustainable Energy Reviews，2010，14(6)：1608 – 1614.

［52］ 李永丽，金强，李博通，等. 低电压加速反时限过电流保护在微电网中的应用［J］. Renewable Energy，2011，44(11)：955 – 960.

［53］ 王成山. 微电网专题介绍［J］. 电机工程学报，2012，32(25)：1 – 1.

［54］ Anand S and Fernandes B G. Power control of DC micro-grid using DC bus signaling［J］. IEEE Transactions on Industrial Electronics，2013，60(11)：45 – 55.

［55］ Arefifar，Seyed Ali，YA-R Mohamed，et al. Optimum Microgrid Design for Enhancing Reliability and Supply Security［J］. IEEE Transactions on Smart Grid，2013，4(3)：1 – 9.

［56］ Kish G J，Lehn P W. Microgrid design considerations for next generation grid codes［C］. IEEE Power and Energy Society General Meeting，2012，1 – 8.

［57］ Jiang Quanyuan，Xue Meidong，Geng Guangchao. Energy Management of Microgrid in Grid-Connected and Stand-Alone Modes［J］. Power Systems，IEEE Transactions on，2013，28(3)：3380 – 3389.

［58］ Toru Kobayakawa，Tara C Kandpal. Photovoltaic micro-grid in a remote village in India：Survey based identification of socio-economic and other characteristics affecting connectivity with micro-grid［J］. Energy for Sustainable Development，2014，18：28 – 35.

［59］ 杨金焕. 太阳能光伏发电技术应用［M］. 北京：电子工业出版社，2013.

［60］ 王成山. 微电网分析与仿真理论［M］. 北京：科学出版社，2013.

［61］ 经琦，刘贤兴，施凯，等. 风光互补发电系统设计及最大功率点跟踪控制［J］，电力电子技术，2015，49(1)：63 – 66.

［62］ 周林，武剑. 光伏阵列最大功率点跟踪控制方法综述［J］. 高电压技术，2008，6：58 – 66.

［63］ 张兴，曹仁贤. 太阳能光伏并网发电及其逆变控制［M］. 北京：机械工业出版社，2012.

［64］ 唐西胜，苗福丰，齐智平，等. 风力发电的调频技术研究综述［J］. 中国电机工程学报，2014，34(25)：4304 – 4314.

［65］ Francisco G. Montoya，Francisco Manzano-Agugliaro，Sergio López-Márquez. Wind turbine selection for wind farm layout using multi-objective evolutionary algorithms［J］. Expert Systems with Applications，2014，41 (1)：6585 – 6595.

[66] 赵梅花. 双馈风力发电系统控制策略研究[D]. 上海大学，2014.

[67] 肖飞. 直驱式永磁同步风力发电变流器若干关键技术研究[D]. 浙江大学，2013.

[68] 丛晶，宋坤，鲁海威，等. 新能源电力系统中的储能技术研究综述[J]. 电工电能新技术，2014，33(3)：53 - 59.

[69] Mohammad Reza Aghamohammadi, Hajar Abdolahinia. A new approach for optimal sizing of battery energy storage system for primary frequency control of islanded Microgrid [J]. Electrical Power and Energy Systems, 2014, 54(1)：325 - 333.

[70] 赵波，张雪松，李鹏，等. 储能系统在东福山岛独立型微电网中的优化设计和应用[J]. 电力系统自动化，2013，37(1)：161 - 167.

[71] Hussam J Khasawneh, Mahesh S. Battery cycle life balancing in a microgrid through flexible distribution of energy and storage resources[J]. Journal of Power Sources, 2014, 261(1)：378 - 388.

[72] 杜爽，左春柽. 超级电容混合动力汽车能量存储技术发展研究[J]. 2014，38(3)：589 - 591.

[73] 了川平. 超级电容电池[J]. 化学通报，2014，77(9)：865 - 871.

[74] 王云玲，曾杰，张步涵. 超级电容器储能系统的动态电压调节器[J]. 电网技术，2007，31 (8)：58 - 62.

[75] 米阳，张寒，杨洋，等. 独立光柴混合微电网新的负荷频率控制研究[J]. 2014，21(1)：103 - 106.

[76] 张步涵，曾杰，毛承雄. 串并联型超级电容器储能系统在风力发电中的应用[J]. 电力自动化设备，2008，28(4)：1 - 4.

[77] 朱松然. 蓄电池手册[M]. 天津：天津大学出版社，1998.

[78] 朱松然. 铅酸蓄电池技术[M]. 2 版. 北京：机械工业出版社，2002.

[79] 高源，王凯，陈希有. 混合动力系统中的超级电容充放电变换器[J]. 电源技术，2012 38(2)：312 - 314.

[80] 燕跃豪，鲍薇，李光辉，等. 基于混合储能的可调度型分布式电源控制策略[J]. 东北电力大学学报，2014，41(2)：28 - 35.

[81] Ali B, Ali D. Hierarchical Structure of microgrids control system[J]. IEEE Transactions on Smart Grid, 2012, 3(4)：1963 - 1974.

[82] Chung I Y, Liu W X, Cartes D A, et al. Control methods of inverter-interfaced distributed generatorsin a microgrid system[J]. IEEE Transactions on Industry Applications, 2010, 46(3)：1078 - 1088.

[83] 王成山，肖朝霞，王守相. 微网中分布式电源逆变器的多环反馈控制策略[J]. 电工

技术学报,2009,24(2):100 - 106.

[84]　Wang C S,Li X L,Guo L,et al. A seamless operation mode transition control strategy for a microgrid based on master-slave control[J]. Science China(Techno. Sciences),2012,55(6):1644 - 1654.

[85]　Sortomme E,Venkata S S,Mitra J. Microgrid protection using communication-assisted digital relays[J]. IEEE Transactions on Power Delivery,2010,25(4):2789 - 2796.

[86]　韩华,刘尧,孙尧,等.一种微电网无功均分的改进控制策略[J].中国电机工程学报,2013,34(16):2640 - 2648.

[87]　李培强,谷勇钦,李欣然,等.低压微网多逆变器的综合控制策略设计[J].湖南大学学报,2013,40(9):56 - 62.

[88]　Hafez O,Bhattacharya K. Optimal planning and design of a renewable energy based supply system for microgrids[J]. Renew Energ 2012,45:7 - 15.

[89]　Aliasghar Baziar,Abdollah Kavousi-Fard. Considering uncertainty in the optimal energy management of renewable micro-grids including storage devices[J]. Renewable Energy,2013,59(1):158 - 166.

[90]　殷桂梁,李相男,郭磊,等.混合储能系统在风光互补微电网中的应用[J].电力系统及其自动化学报,2015,27(1):50 - 54.

[91]　何志强,叶永强.一种新光伏 MPPT 算法及硬件实现和实用性分析[J].电力电子技术,2012,49(5):17 - 22.

[92]　Serrano A V,Saez D,Reyes L,et al. Design and experimental validation of a dual mode VSI control system for a micro-grid with multipleg enerators[C]//IECON 2012 - 38th Annual Conference on IEEE Industrial Electronics Society. Montreal,Canada:IEEE,2012:5631 - 5636.

[93]　徐少华,李建林.光储微网系统并网/孤岛运行控制策略[J].中国电机工程学报,2013,33(34):25 - 33.

[94]　刘取.电力系统稳定性及发电机励磁控制[M].北京:中国电力出版社,2011.

[95]　陈珩.电力系统稳态分析[M].3 版.北京:中国电力出版社,2007.

[96]　董宜鹏,谢小荣,孙浩,等.微网电池储能系统通用综合控制策略[J].电网技术,2013,37(12):3310 - 3316.

[97]　李斌,宝海,郭力.光储微电网孤岛系统的储能控制策略[J].电力自动化设备,2014,34(3):8 - 14.

[98]　丁明,徐宁舟.负荷侧新型电池储能电站动态功能的研究[J].电力自动化设备,

2011，31（5）：1－7.

[99] 梁亮，李建林，惠东.光伏-储能联合发电系统运行机理及控制策略[J].电力自动化设备，2011，31(8)：20－23.

[100] 程华，徐政.分布式发电中的储能技术[J].高压电器，2003，39(3)：53－56.

[101] 鲁鸿毅，何奔腾.超级电容器在微型电网中的应用[J].电力系统自动化，2009，33(22)：89－91.

[102] 张野，郭力，贾宏杰，等.基于平滑控制的混合储能系统能量管理方法[J].电力系统自动化，2012，36(16)：36－41.

[103] Dougal R A，Liu S，White R E. Power and life extension of battery ultra capacitor hybrid[J]. IEEE Transactions on Components and Packaging Technologies，2012，25(2)：120－131.

[104] Zhang Guoju，Tang Xisheng，Qi Zhiping. Application of hybrid energy storage system of super-capacitors and batteries in a microgrid[J]. Automation of Electric Power Systems，2010，34(12)：85－89.

[105] 孙孝峰，杨雅麟，赵巍，等.微电网逆变器自适应下垂控制策略[J].电网技术，2014，38(9)：2386－2391.

[106] 周洁，罗安，陈燕东，等.低压微电网多逆变器并联下的电压不平衡补偿方法[J].电网技术，2014，38(2)：412－418.

[107] 陈燕东，罗安，谢三军，等.一种无延时的单相光伏并网功率控制方法[J].中国电机工程学报，2012，32(25)：118－125.

[108] 张继红，贺智勇，李华，等.基于孤岛模式的双储能微电网下垂协调控制及仿真[J].太阳能学报，2015，29(1)：35－41.

[109] 陈昌松，段善旭，殷进军，等.基于发电预测的分布式发电能量管理系统[J].电工技术学报，2010，25(3)：150－156.

[110] 刘梦璇.微电网能量管理与优化设计研究[D].天津：天津大学，2012.

[111] 段江曼.微电网的调度策略及经济优化运行[D].北京：北京航空航天大学，2012.

[112] 赵胜武.风光柴储独立微电网的设计与实现[D].湖南：湖南大学，2011.

[113] 孙数娟.多能源微电网优化配置和经济运行模型研究[D].安徽：合肥工业大学，2012.

[114] Manwell J F，Rogers A，Hayman G，et al. Hybrid2－a hybrid system simulation model：Theory manual[R]. USA，National Renewable Energy Laboratory，2008.

[115] 赵波.微电网优化配置关键技术及应用[M].北京：科学出版社，2015.

[116] VDE-AR-N 4105：2011，Power Generation Systems Connected to the ow-voltage

Distribution Network: Technical Minimum Requirements for the Connection to and Parallel Operation with Low-voltage Distribution Networks [S].

[117] AS 4777. 2 — 2005, Grid Connection of Energy Systems via Inverters Part 2 Inverter Requirements [S].

[118] AS 4777. 3 — 2005, Grid Connection of Energy Systems via Inverters Part 3 Grid Protection Requirements [S].

[119] G83/1 - 1: 2008, Recommendations for the Connection of Small-scale Embedded Generators (Up to 16 A per Phase) in Parallel with Public Low-Voltage Distribution Networks [S].

[120] CSA C22. 2 - 257: 2006, Interconnecting Inverter-based Micro Distributed Resources to Distribution Systems [S].

[121] EN 50438: 2007, Requirements for the Connection of Mi cro-generators in Parallel with Public Low-Voltage Distribution Networks [S].

[122] IEC 61727: 2004, Photovoltaic (PV) Systems: Characteristics of the Utility Inter-face [S]. 2 ed.

[123] IEC/TS 62257 - 7 - 3: 2008 Recommendations for Small Renewable energy and Hybrid Systems for Rural Electrification: Part 7 - 3: Generator Set: Selection of Generator Sets for Rural Electrification Systems [S].

[124] IEC/TS 62257 - 9 - 2: 2006, Recommendations for Small Renewable Energy and Hybrid Systems for Rural Electrification: Part 9 - 2: Microgrids [S].

[125] IEC 61400 - 21: 2008, Wind Turbines: Part 21: Measurement and Assessment of Power Quality Characteristics of Grid Connected Wind Turbines [S]. 2 ed.

[126] IEEE Std 1547 - 2003, Standard for Interconnecting Distributed Resources with Electric Power Systems [S].

[127] IEEE Std 1547. 1 - 2005, Standard for Conformance Tests Procedures for Equip-ment Interconnecting Distributed Resources with Electric Power Systems [S].

[128] IEEE Std 1547. 2 - 2008, Application Guide for IEEE 1547 Standard for Intercon-necting Distributed Resources with Electric Power Systems [S].

[129] IEEE Std 1547. 3 - 2007, Guide For Monitoring, Information Exchange, and Control of Distributed Resources Interconnected with Electric Power Systems [S].

[130] IEEE Std 1547. 4 - 2011, Guide for Design, Operation, and Integration of Distributed Resource Island Systems with Electric Power Systems[S].

[131] IEEE Std 1547. 6 - 2011, Recommended Practice For Interconnecting Distributed

Resources with Electric Power Systems Distribution Secondary Networks [S].

[132] IEEE Std 929 - 2000，IEEE Recommended Practice for Utility Inter-face of Photo-voltaic (PV) Systems (Withdrawn 2006) [S].

[133] 童荣斌，牟龙华，庄伟. 新型微电网外部短路故障保护方案[J]. 电力系统保护与控制，2014，42(5)：78 - 84.

[134] 张犁，吴田进，冯兰兰，等. 模块化双向 AC/DC 变换器并联系统无缝切换控制[J]. 电机工程学报，2012，32(6)：90 - 96.

[135] 李永丽，陈晓龙，刘明，等. 微电网保护与控制系统的设计与实现[J]. 天津大学学报，2015，48(6)：473 - 480.

[136] 付贵宾，李永丽，陈晓龙，等. 基于电流突变量的微电网故障区域判定方法[J]. 电力系统及其自动化学报，2014，26(3)：7 - 13.

[137] 曹贵明，姜杰，王富松，等. 分布式电源的微网故障分析及保护方案研究[J]. 电力系统及其自动化学报，2012，29(1)：289 - 293.

[138] 陆健，牟龙华. 逆变型分布式电源微网的继电保护研究[J]. 华东电力，2011，39(10)：1630 - 1632.

[139] 汪冬辉，姚旭. 独立运行微电网的故障特征分析[J]. 电力系统自动化，2014，4(3)：52 - 58.

[140] 吴在中，赵上林，胡敏强，等. 交流微网边方向变化量保护[J]. 中国电机工程学报，2012，32 (25)：158 - 166.

[141] Laaksonen H J. Protection principles for future microgrids[J]. IEEE Transactions on Power Electronics，2010，25(12)：2910 - 2918.

[142] Mahat P，Zhe Chen，Bak-Jensen B，et al. A simple adaptive overcurrent protection of distribution systems with distributed generation [J]. IEEE Transactions on Smart Grid，2011，2(3)：428 - 437.

[143] 辛红汪. 基于 IEC 61850 的微电网自适应保护系统的设计[J]. 智能电网，2015，3(4)：337 - 343.

[144] 张保会，尹项根. 电力系统继电保护[M]. 2 版. 北京：中国电力出版社，2013.

[145] 李广琦. 电力系统暂态分析[M]. 3 版. 北京：中国电力出版社，2012.

[146] 金强. 分布式电源故障特性分析及微电网保护原理研究[D]. 天津大学，2011.

[147] 李永丽，金强，李博通，等. 低电压加速反时限过电流保护在微电网中的应用[J]. 天津大学学报，2011，44(11)：955 - 960.

[148] Nikkhajoei H，Lasseter R H. Microgrid protection[C] //IEEE Power Engineering Society General Meeting.

［149］ 黄文焘，邰能灵，杨霞. 微网反时限低阻抗保护方案［J］. 中国电机工程学报，2014，34（1）：105－114.

［150］ 彭寒梅，曹一家，黄小庆，等. 基于时变通用生成函数的孤岛运行模式下微电网可靠性评估［J］. 电力系统自动化，2015，10（39）：28－35.

［151］ 彭梅，曹一家，黄小庆. 基于 BFGS 信赖域算法的孤岛微电网潮流计算［J］. 中国电机工程学报，2014，34（16）：2629－2638.

［152］ FARAG H E，ABDELAZIZ M M A，EL-SAADANY E F. Voltage and reactive power impacts on successful operation of islanded microgrids［J］. IEEE Trans on Power Systems，2013，28（2）：1716－1727.

［153］ 王小宇，韩文源，郑涛. 正反馈孤岛监测方法对基于逆变器的分布式发电系统稳定性的影响［J］. 电力系统保护与控制，2011，39（19）：25－29.

［154］ 钟诚，井天军，杨明皓. 基于周期性无功电流扰动的孤岛监测新方法［J］. 电工技术学报，2014，29（3）：270－275.

［155］ IEEE Draft Guide for Design，Operation，and Integration of Distributed Resource Island Systems with Electric Power Systems［S］. IEEE P15474/D11，March 2011. 2011：1－55.

［156］ 伞国成，赵清林，郭小强，等. 光伏并网逆变器的间歇性频率扰动正反馈孤岛监测方法［J］. 电网技术，2009，33（11）：83－86.

［157］ 凤勇. 基于锁相环的主动移相式微电网孤岛监测技术研究［J］. 华东电力，2013，1（12）：2462－2467.

［158］ 李军，黄学良，陈小虎，等. 基于双重判据的微电网快速孤岛监测技术［J］. 电力自动化设备，32（5）：38－43.

［159］ 唐志军，邹贵彬，高厚磊，等. 含分布式电源的智能配电网保护控制方案［J］. 电力系统保护与控制，2014，42（8）：9－14.

［160］ 谢东. 分布式发电多逆变器并网孤岛监测技术研究［D］，2014.

［161］ UL1741. Static inverter and charge controllers for use in photovoltaic systems，underwri-ters laboratories Inc. May 7，1999.

［162］ IEEE Std. 1547. 1－2005，Standard for conformance test procedures for equipment inter connecting distributed resources with electric power systems［S］，2005.

［163］ 谢东，张兴，曹仁贤. 参数自适应 SFS 算法多逆变器并网孤岛监测技术［J］. 电力系统自动化，2014，38（21）：87－95.

［164］ 马静，米超，王增平. 基于谐波畸变率正反馈的孤岛监测新方法［J］. 电力系统自动化，2012，36（1）：47－50.

［165］　Byunggyu Yu，Mikihiko Matsui，Junghun So，et al. A high power quality antiislandingmethod using effective power variation ［J］. Solar Energy，2008，82 (4)：368 - 378.

［166］　Yu B，Matsui M，Jung Y，et al. A combined active anti-islanding method for photovoltaic systems［J］. Renewable Eneigy，2008，33(5)：979 - 985.

［167］　Zhang jihong，Wuzhenkui，Li hanshan. Islanding Detection Algorithm Based on Adaptive Voltage Positive Feedback［J］. TELKOMNIKA Indonesian Journal of Electrical Engineering，2014，12(6)：4405 - 4412.